Das Niveau war hoch. Nie war es ein Jahrzehnt lang höher. Das Wirtschaftswunder der 50er Jahre war beendet, diese in jeder Hinsicht stets nach oben zeigende Kurve. Deutschland war wohlhabend, Deutschland war satt, Deutschland lehnte sich zurück. Kein Ende des Booms in Sicht, kein Gedanke wurde daran verschwendet, dass dieses Jahrzehnt ein Tanz auf dem Vulkan war. In den 70er-Jahren sollte sich donnernd entladen, was in den 60ern für Visionäre längst sichtbar war. Der Luftballon sollte und musste platzen – auch auf der Straße.

Hier spielen der Autor und sein Opa 1967 mit einem VW 1600 TL von Dinky Toys.

Die Mädchen hießen Sabine, Claudia, Andrea und Petra, die Jungs hießen Bernd, Thomas, Michael und Stefan. Die Deutschen erwarben Fernseher, 1963 ging das ZDF auf Sendung, Farbfernsehen erlebte sein Debüt und machte dem Kino den Rang streitig. Die James-Bond-Filme liefen im Kino, Winnetou und die Edgar-Wallace-Reihe bannten die Deutschen vor die Glotze, man sprach vom »Straßenfeger«, und Friedensbewegung, Hippies, Woodstock und Flowerpower, der Contergan-Skandal, die Studentenbewegung, die aus Paris nach Deutschland kam und über den Umweg der Außerparlamentarischen Opposition zum Terrorismus führte, die sexuelle Revolution und die Uschi Obermaier als fotogenste aller Kommunardinnen.

Die Ära Adenauer ging 1963 zu Ende, und spätestens mit ihr das Wirtschaftswunder. Nach einem Intermezzo regierte in Deutschland die erste Große Koalition. Mit der Steinkohle fördernden Zeche Centrum in Wattenscheid begann das Zechensterben und damit der Niedergang des Ruhrgebietes.

Es war eine Zeit des Aufbruchs in Wissenschaft, Technik, Wirtschaft und Politik – und die Errungenschaften sollten Bestand haben. Auf der IAA 1963 debütierte der Porsche 901, und ihn gibt es noch immer. Deutschland fuhr Käfer und träumte vom Mercedes mit Doppelstoßstangen, aufrecht stehenden Scheinwerfern und Trapezlinie. Diese Linie beherrschte weite Teile der Neuentwicklungen des Jahrzehnts, ebenso wie Doppelscheinwerfer, zunehmend vernünftige Fahrwerke und die Heraufkunft des automatischen Getriebes. Ford entwarf die »Linie der Vernunft« und hängte erstmals den Erzrivalen Opel ab, aber die Rüsselsheimer rüsteten auf 5,4 Liter Hubraum auf. VW hielt am Käfer und

Farbklecks: Onko-Kaffee aus Bremen wird in einer ländlichen Gegend bei Euskirchen ausgeliefert. In den 60ern waren Autos eher beigefarben und grau, ab 1967/68 hielten satte, grelle Farben Einzug. Wer seinen Porsche im Farbton Blutorange orderte, galt als exaltiert.

seinem Prinzip fest und verdiente in den 60er-Jahren, zumindest solange Patriarch Nordhoff das Zepter schwang, gutes Geld damit. Bedeutende Firmen überlebten die Dekade nicht. Der Niedergang der Borgward-Werke beschäftigte das automobile Deutschland fast das gesamte Jahrzehnt lang, das Sterben von Glas wurde weniger betrauert, dasjenige von DKW gar bejubelt und der Audi als DKW-Nachfolger freudig begrüßt.

Die Deutschen fuhren und fuhren und fuhren. Sie waren stolz auf ihre Autos, jedes größer, schöner und schneller als der Vorgänger. Noch wurde es fotografiert, obgleich es bereits eine Selbstverständlichkeit war, fast schon ein Gebrauchsgegenstand, wenngleich ein gehobener. Aber es wurde noch fotografiert. Im folgenden Jahrzehnt hat niemand mehr sein Auto abgelichtet, es wurde zum Konsum- und Wegwerfartikel.

Von der Fotografierfreude der Deutschen (und der Schweizer und der Österreicher) in den 60er-Jahren profitiert dieses Album. Es sind keine inszenierten Presse- und Profifotos. Es sind authentische Aufnahmen, gemacht von Fahrern, Freunden, Mitmenschen, Schnappschüsse aus dem Leben, ehrlich und nicht gestellt. Die Autos sind nicht immer neu und glänzend, manchmal sind sie verbeult oder befinden sich in prekärer Situation, sind ungewaschen, überladen, angerostet oder verbeult. Einige spielen nur eine Statistenrolle auf den Aufnahmen, und manche sind sogar abgeschnitten oder leicht verwackelt - eben so, wie ein Familienalbum aussieht.

Der größte Teil der hier abgebildeten Fotos sind keine Papierabzüge aus der Zeit, sondern entstammen dem Negativ- und Dia-Archiv des Autors (sofern nicht anders angegeben). Sie wurden nach heutigem Stand der Technik im Fotolabor vergrößert und dann aufwändig reproduziert. Dadurch kommen die alten Bilder aus der analogen Ära qualitativ heutigen digitalen Fotos nahe. Wir wollen niemanden mit rotstichigen Dias belästigen oder mit der rauen Oberfläche der »Porst-Königsbilder«, mit der miesen Qualität 60 Jahre alter 6x6-Abzüge von Neckermann oder Quelle - gleichsam wollen wir genau diese Ära aufleben lassen und vor dem Vergessen bewahren.

Ulm, im Juni 2025

Alexander Franc Storz

Kapitel 1

Spaßfaktor, Massenverkehrsmittel, Massen-ärgernis: Immer mehr Autos

Parken auf der Autobahn im Hochsommer, am 13. Juli 1965, auf der A8 bei Stuttgart. Offene Fahrertüren, ungeduldig Wartende, Spaziergänger auf der Autobahn. Den notwendigen Rettungsweg in der Mitte halten diese Autofahrer nicht ein. Der Ford Taunus 12m P4 trägt ein ovales Kennzeichen, eine so genannte Zollnummer. Die Zahl in der ersten Zeile gab das zuständige Hauptzollamt an. Der Ford wurde also exportiert.

Immer größer, weiter, schneller, teurer und mehr, mehr, mehr. Das war die Devise der 60er-Jahre, in jeder Hinsicht. Die Technikgläubigkeit war so ausgeprägt wie die Fortschrittsgläubigkeit. Die Europäer und vor allem die Deutschen fuhren, als gäbe es kein Morgen. Jeder neue Wagen war größer als sein Vorgänger (das ist heute wieder genauso!) und teurer und edler und schneller und schicker und moderner - ein Ausdruck der nicht enden wollenden Kapitalkraft hart arbeitender und gut verdienender Deutscher.

Die Menschen selbst wurden größer und dicker, ebenso wie ihre Autos. Die Fließbänder der Konzerne spuckten immer bessere und immer größere und immer mehr Autos auf immer kleinere Verkehrsräume aus. Wer nicht mithalten konnte, ganz nach Darwin, musste aufgeben. Die Sechziger waren das Aus so mancher Marke: Die Borgward-Gruppe, Glas und andere entschwanden völlig. NSU wurde von Volkswagen absorbiert, Panhard von Citroën. Neue Marken von Bestand sind kaum entstanden. Eigentlich nur eine: Audi. Aber Audi war zunächst nur der ehemalige DKW mit neuem Herzen und mit neuem Namen. Doch immerhin emanzipierte er sich ab dem Audi 100 vom miefigen Zweitaktimage, war in den 70ern der Luxus-VW und schuf sich ab den 80ern ein eigenes Image.

Jedenfalls fing das automobile Märchenland Deutschland in den 60er-Jahren gewaltig an zu bröckeln, doch Produzenten wie Konsumenten produzierten und konsumierten ohne Rücksicht auf die durchaus absehbaren Folgen. Der innerstädtische Verkehr in den Großstädten stand vor dem Kollaps. Die in den 50er-Jahren propagierte »autogerechte Stadt« erwies sich zwar als autogerecht, aber nicht als menschengerecht.

Jegliche Stadtplanung hinkte der stets wachsenden Anzahl an Automobilen hoffnungslos hinterher. Erste Fußgängerzonen gab es ab 1953, in den 60ern nahmen sie zaghaft zu, in den 70er-Jahren wurden sie Mode, danach nahmen sie teilweise unvernünftige Auswüchse an als Reaktion auf die allgemeine Autoverteufelung. Der Deutsche neigt zur Übertreibung, in jede Richtung. Plötzlich waren Einkaufsmeilen vorhanden, aber der Einkäufer konnte seine Errungenschaften nicht mehr abtransportieren, weil er seinen Farbfernseher nicht mit eigener Kraft von der Fußgängerzone zum weitab gelegenen Parkplatz schleppen konnte.

In der Kürze lag die Würze, konstatierten die Auguren und rechneten Folgendes vor: Wenn 100 Autos in der Schlange oder an der Parkuhr hintereinanderstehen und jedes fünf Meter lang ist, so ist die Schlange 500 Meter lang. Wären die 100 Autos jeweils nur drei Meter lang, so würden in die gleich lange Schlange 160 Autos passen. Logisch, nach Adam Riese. Aber ein Fiat 500 machte eben weniger her als ein Mercedes 250 SE, und die Armut war es nicht, welche die Deutschen zum Kleinwagen hätte greifen lassen. Im Gegenteil: Beschränkung im Reichtum wäre angesagt gewesen, doch dazu war der homo automobilis teutonicus damals nicht bereit. Und er tut sich heute, 60 Jahre später, damit immer noch schwer.

Gegen Ende des Jahrzehnts entstanden solche vernünftige Wagen. Sie hatten einen quer eingebauten Motor vorne, angetriebene Vorderräder, vier Türen und ein schräges Heck mit großer Klappe. Sie hießen beispielsweise Simca 1100 und Autobianchi Primula, und auch die Deutschen kauften sie gerne. Das waren die Vorläufer der heutigen Kompakt- oder auch Golfklasse. Die Deutschen hatten mit dem Glas CL zwar auch ihren Kompakten, aber ihn nahm kaum jemand wahr. Gleichsam bauten sie aber auch Fahrzeuge vom Kaliber eines Mercedes 600. Gut, er bevölkerte weniger unsere Straßen als die des Auslandes, und seine Aufgabe war es, ein Leistungsbeweis der Stuttgarter, ja der deutschen Ingenieurskunst zu sein, von vornherein als Kleinserienfahrzeug dazu auserkoren, durch sein Ansehen und seinen Ruf die anderen Produkte des Konzerns emporzuheben.

Das Fernstraßennetz wurde beständig ausgebaut. Steigende Verkehrs- und Unfallzahlen sorgten dafür, dass Autobahnen sechsspurig aufgerüstet und mit Mittelstreifen und Leitplanken versehen wurden. Dennoch mehrten sich die Staus. Auch die Brennerautobahn von Innsbruck nach Modena in Italien stammt aus den 60er-Jahren. Den Albaufstieg der A8, heute als einziges Autobahnteilstück unter Denkmalschutz stehend, bewarb der württembergische Landesverkehrsverband in den 60er-Jahren mit dem Slogan »Deutschlands schönste Autobahnstrecke«. Es gab sogar eigene Wanderführer für das sogenannte Autowandern – ein sinnloses Spazierenfahren auf der Autobahn, und die Rast machte man direkt neben der Strecke und spielte das heitere Automarkenraten oder musste mit geschlossenen Augen die vorüberfahrenden Wagen am Sound erkennen.

In den Städten stockte es wie auf der Autobahn. Kommunen bauten nach wie vor Parkhäuser, um die Autos der Massen aufzusaugen. Kostenfreies Parken gab es bald nur noch in Kleinstädten und auf dem Land. Die ersten deutschen Parkuhren zogen 1954 den Duisburgern ihre Groschen aus dem Portemonnaie. In den 60ern kamen sie flächendeckend auf. Dadurch parkten nicht weniger Autos in den Innenstädten, aber sie mussten dafür bezahlen. Rhythmisch abends und allsamstäglich waren die Innenstädte verstopft wegen des damals noch rigiden Ladenschlussgesetzes und weil alle Menschen regelmäßig zur Arbeit gingen. Zum Einkaufen blieben meist nur die letzte Öffnungsstunde abends, denn die Läden schlossen um 18.30 Uhr, sowie der Samstagvormittag. In diesen Zeiten war die City voll. Jeder erhoffte sich einen Parkplatz direkt vor dem Laden, in dem er einkaufen wollte. Fand er ihn nicht, kreiste er im Auto um den Block, bis einer frei war. Oder der Geschäftsinhaber den Schlüssel im Schloss umdrehte.

Der Stau konnte mehrere Ursachen haben, und manchmal hatte er sogar mehrere gleichzeitig. Ein Unfall, eine Baustelle, hohes Verkehrsaufkommen. Dieser Stau am 7. April 1968 hatte eine konkrete Ursache. Sie alle wollten zum Formel-2-Europapokal-Rennen auf dem Hockenheimring. Im Stau stehen alle gleich, der große Mercedes und der kleine Prinz. Immerhin gestattete die Polizei den Anstehenden, den Standstreifen zu benutzen und die zweispurige Autobahn quasi um eine weitere Fahrspur zu erweitern. Oder sollte das etwa Ausdruck zivilen Ungehorsams sein?

Das ganze automobile Spektrum der frühen 60er erhaschte der Fotograf, als er im Frühjahr 1962 aus der zweiten Etage des Münchner Rathauses auf den dahinter gelegenen Marienhof blickte. Das Auge freut sich über die alltäglichen und nicht alltäglichen Schätze in der Münchner Innenstadt. Besonders bemerkenswert: das Vorkriegs-BMW 327 Coupé in der Bildmitte, damals bereits ein Vierteljahrhundert alt. Erstaunlich ist die geringe Zahl an Volkswagen, Mittelklassefahrzeuge dominieren, die großen BMW-Limousinen dürfen an der Isar-Metropole natürlich nicht fehlen.

Den Quelle-Versand des Gustav Schickedanz gab es seit 1927, er war der Trendsetter. 1949 wurden der Otto-Versand und 1950 Neckermann gegründet. Deutschland bestellte aus Katalogen. Sie wurden halbjährlich sehnsüchtig erwartet, gierig aufgesogen und anschließend wurde fleißig geordert. 1967, als dieses Bild aufgenommen wurde, ging es Quelle noch bestens. Der Firmenparkplatz ist voll belegt, jeder Mitarbeiter kam mit dem Auto zur Arbeit. Morgens war Rushhour, abends war Rushhour und die Wege zwischen den Industriestandorten und den Wohngebieten waren verstopft.

Parkuhren waren anfangs umstritten. Gegner sagten, mit Entrichten der Kfz-Steuer dürfe ein Auto im öffentlichen Raum sowohl bewegt als auch geparkt werden. Der Gesetzgeber musste die Straßenverkehrsordnung novellieren, um Parkuhren zu legalisieren. Hersteller deutscher Parkuhren waren die Firmen Telefonbau und Normalzeit in Frankfurt, Kienzle Apparate in Villingen, Deutsche Parkometer in Hannover und VDO in Frankfurt. Im Bild: Parkuhren nebst frommen Frauen in Merseburg am 11. Juli 1963.

Einst allgegenwärtig, heute längst Geschichte und vielfach vergessen: Der Verkehrspolizist an der Kreuzung auf dem Podest, weiß gekleidet, mit weißen Handschuhen und die Trillerpfeife stets griffbereit. Es gab, wie immer, solche und solche. Manch ein Beamter war berühmt-berüchtigt, man kannte seine Dienstzeiten und mied die Kreuzung. Denn er pfiff und schimpfte und maßre-gelte. Er hatte eben eine Uniform an und war stolz auf seine damit verbunde-ne Autorität. Aber die meisten waren vernünftige Menschen, und an Weihnach-ten bekamen sie, dem Postboten und Zeitungsausträger gleich, ein Geschenk. Man kannte und mochte sie, und bei kleinen Schwierigkeiten im Alltag waren sie der Ansprechpartner und Freund und Helfer.

Berlin war nicht nur wegen des Alltagsverkehrs verstopft. Berlin war auch wegen Sperrungen für Staatsgäste verstopft. Das galt auch für alle anderen Landeshauptstädte, wenn Staatsgäste empfangen wurden. Das galt auch für eine Stadt am Rhein, in die sich öfters Staatsgäste verirrten. Bonn war damals Bundeshauptstadt. Für sie galt es besonders.
Ein Blick auf den Ernst-Reutter-Platz in Berlin-Charlottenburg im Jahre 1965. Die britische Monarchin Queen Elizabeth II stattete Berlin einen offiziellen Besuch ab und wird, zusammen mit ihrem Gemahl Prinz Philip, im Mercedes 600 Pullman Landaulet chauffiert.

Ein riesiger Tross begleitet die Queen, lauter schöne, schwarze Limousinen. Angeführt wird die Kolonne von zwei Berliner Polizeiautos, veralteten Mercedes Ponton. Viele Begleitfahrzeuge sind vierzylindrige Mercedes W111, also 190er oder 200er, auch ein paar luxuriöse Mercedes 300 SE sind dabei. Auf diesem Bild ist die Queen im Mercedes 600 Landaulet schon weit vorbeigefahren, der Wagen fährt direkt hinter den Polizeiautos. Weiter hinten ist ein Paradewagen auf Basis des Mercedes 300d zu sehen, ein verlängertes Landaulet. Davon gab es drei, einen für den Papst, und die beiden anderen verlieh das Werk bei Bedarf an die Bundesregierung. Prominent in Bildmitte ist ein serienmäßiger Mercedes 300d zu sehen und am linken Bildrand fährt ein weiterer 600er in die Szenerie - neben ihm ein schwarzer Opel Admiral A mit Blaulicht.

Büsum, das Seebad an der Nordsee, eine Attraktion für Urlauber und Wochenendtouristen gleichermaßen. Der große Parkplatz vor dem Hotel Nordseehalle wartet mit einem breiten automobilen Spektrum auf und zeigt, dass sich die Autolackpalette der 60er auf eher gedeckte Farben beschränkte: Beige, Weiß, Grau, Taubenblau, Dunkelgrün und Dunkelrot.
Erste metallicfarbene Wagen, damals der Inbegriff der Eleganz, fielen auf. Auf diesem Foto von 1968 ist nur ein Vertreter dieser neuen Zeit zu sehen, ein Opel Commodore A Coupé in Silbermetallic mit schwarzem Vinyldach. Der weiße Wagen in Bildmitte ist ein Vauxhall Victor mit dänischer Zulassung.

Verkehrsgeschehen in Hamburg 1965, erstaunlich wenig los, womöglich ist gerade Mittagszeit. Ein Farbklecks im Szenarium ist der rote Mercedes L3500 Lastwagen des Baustoffhändlers Menno Cassens, ansonsten eher automobile Alltäglichkeiten von Opel, Ford und natürlich Volkswagen. Der Renault 4 trug bis 1968 einen kleinen Kühlergrill.

Wochenmarkt an der Heiliggeistkirche in Heidelberg anno 1967. Der Mercedes L319 Getränkelaster liefert Coca-Cola aus, noch in Holzkästen, und der taubenblaue VW Bus trägt bereits das große Heckfenster (1964 bis 1967). Vor dem Cola-Lieferwagen ein Tempo Matador E, zusammen mit dem Ford Transit der stärkste Konkurrent des VW Transporters. Der Eigentümer des dunkelblauen VW 1600 L gönnte sich eine aufpreispflichtige Zweifarbenlackierung, das Dach ist weiß. Brandneu ist der Opel Rekord C vor dem ebenfalls zweifarbigen Mercedes 190.

Wir wechseln nach Franken, der Nürnberger Wochenmarkt geht seinem Ende zu, die meisten Gemüsebauern und Gärtner haben schon eingepackt. 1968 erschien die zweite Generation des VW Transporters, der T2a, der hier mitten im Bild parkt. Ein weiteres Exemplar ist rechts am Bildrand zu sehen. Die Wolfsburger setzten weiterhin auf das bewährte Heckmotorkonzept.
Der Ford Transit ab 1965, teilweise ganz rechts hinter dem grünen VW zu sehen, war ein modern konstruierter Kurzhauber und war des Volkswagens ewiger Konkurrent. Nach wie vor sind die Autos auch am Ende der 60er-Jahre eher farblos, der zweitürige Rekord C trägt immerhin ein schwarzes Vinyldach. Diese Mode ersetzte den Trend der farblich abgesetzten Dächer.

Raus aus der Stadt. Alleine am lauschigen Plätzchen. Dazu musste man schon recht weit hinausfahren. Mit einem VW Campingwagen konnte man die Natur gut genießen. Westfalia war der Vorreiter dieser Ausbauten, die Mode stammte - natürlich - aus den USA. Selbst die Westfalia-Konstruktionen gehen auf einen Amerikaner zurück. Ein US-Offizier ließ sich 1951 beim Karosseriebauer in Wiedenbrück den ersten VW Camper ausstatten.

Die Fahrten gen Süden hatten etwas Abenteuerliches, vor allem der Brennerpass, der teilweise nicht mal richtig asphaltiert war. Anstehen an der Grenze. Vorne ein Opel Olympia Rekord P1, der Panoramascheiben-Rekord, hinter ihm ein äußerst eleganter Opel, das Rekord P2 Coupé in Silbermetallic mit grünem Dach. Der VW Sambabus transportiert eine Reisegesellschaft.

Autoreisezüge der Deutschen Reichsbahn gibt es seit den 30er-Jahren. Damals wurden die Personenwagen auf simplen Flach- oder Rungenwaggons verladen. Der Autoreisezug im heutigen Sinne mit doppelstöckigen, speziellen Waggons existiert seit 1956. Doch seit Beginn des neuen Jahrtausends werden Angebote der Bahn immer kleiner. Es rechnet sich nicht mehr. Die Urlauber fliegen lieber an ihr Ziel und nehmen dort einen Mietwagen. Da es keine Straße zwischen der Insel Sylt und dem Festland gibt, sind Sylt-Urlauber nach wie vor auf den Autoreisezug angewiesen.

Von Deutschland nach Dänemark kann man natürlich auf der Straße fahren, aber wer beispielsweise nach Kopenhagen möchte oder auch ins schwedische Malmö oder Ystad, der nimmt am besten die Fähre. Von links nach rechts ein Buckel-Volvo PV 544, ein Volkswagen, eine Simca Aronde P60, nochmals ein Volkswagen und ein Saab 96.

Kapitel 2:

Verharren auf hohem Niveau: Die deutsche Automobilindustrie in den 60er Jahren

Zehn bedeutende deutsche Automarken gab es am Anfang der 60er-Jahre, am Ende der Dekade waren es nur noch sieben. Verschwunden waren die Borgward-Gruppe mit den Marken Borgward, Goliath, Hansa und Lloyd, die Marke Glas starb 1968 ebenso wie DKW (Auto Union).

Lichter der Großstadt: 1962 rollten magische Ringe durch Köln. Die Goodyear-Reifen strahlten in roter Farbe. Sie wurden von innen erleuchtet und waren aus einem farbig-transparenten Material gefertigt, dem Synthesegummi Neothane. Die Welt blieb von diesem Gag verschont, die Goodyear-Reifen kamen über das Versuchsstadium nicht hinaus.

Neu hinzugekommen war Audi als Nachfolgemarke des DKW. NSU bestand zwar noch, aber war nicht mehr eigenständig, sondern im Schoße des Volkswagen-Konzerns. Mitte der 60er-Jahre tat sich Einiges in den Konzernstrukturen. Eine völlig allein stehende, kleinere Autofabrik gab es in Deutschland nicht mehr. Der Niedergang der Borgward-Werke 1961, seine Umstände und das diesbezügliche Versagen des sozialdemokratischen Bremer Senats beschäftigten das automobile Deutschland lange. Ein großer, von einem Selfmade-Man geführter Konzern verschwand, die Region Bremen wurde geschwächt und auf dem Fahrzeugmarkt hinterließen vor allem die Isabella, aber auch der Lloyd eine schmerzliche Lücke.

Obgleich er auf der Straße nahezu nicht präsent war, dürfte der Mercedes-Benz 600 wohl die wichtigste Neuentwicklung der deutschen Automobilindustrie in den 60er-Jahren gewesen sein. Sein Anspruch war, einen historischen Brückenschluss zu den wahrlich großen Wagen der Vorkriegszeit à la Mercedes 770 zu knüpfen. Er sollte ein Leistungsbeweis der Stuttgarter Ingenieurskunst sein, von vornherein als Kleinserienfahrzeug dazu auserkoren, durch sein Ansehen und seinen Ruf die anderen Produkte des Konzerns emporzuheben. Seine Entwicklung, ebenso wie später seine Produktion, wurde niemals unter wirtschaftlichen Aspekten gesehen. Daimler-Benz wusste, dass am Mercedes 600 kein Geld zu verdienen war. Doch der Prestigegewinn war nicht in Geld aufzuwiegen.

Er war auf dem höchsten damaligen Stand der Technik. Sein Clou war die Komforthydraulik. Was heute (und auch damals) hauptsächlich elektrisch funktioniert, funktioniert beim Mercedes 600 hydraulisch, also durch Öldruck. Damit werden die Fenster und das Schiebedach geöffnet, die Sitze verstellt, die Türen ins Schloss gezogen, der Kofferraumdeckel geöffnet und verschlossen und die Feststellbremse gelöst. Unter seiner mächtigen Motorhaube sitzt der erste V8 des Konzerns. Der M 100, so das interne Motorkürzel, ist hochmodern konstruiert, die Zylinderköpfe aus Aluminium, fünffach gelagerte Kurbelwelle, mit Bosch-Einspritzung, 250 PS stark und mit 6,3 Litern gut eingeschenkt, standfest und für hohe Dauerleistung geeignet.

Es war eine Mentalitätsfrage, ob man einen Mercedes 600, einen Cadillac oder einen Rolls-Royce fuhr. Es war keine Frage des Geldes. Die Stuttgarter Repräsentationslimousine vereinte in sich diejenigen Attribute, die ihre Klientel durch ihr Auto ausdrücken mochte: Souveränität, Kraft, Macht, Eleganz und eine kleine Portion Arroganz. Fachjournalisten verglichen den Mercedes 600 gerne mit dem zeitgleichen Rolls-Royce Silver Shadow und stellten die rein akademische Frage, welches der beiden Fahrzeuge denn nun »das beste Auto der Welt« sei. Logisch, dass britische Journalisten diese Frage anders beantworteten als deutsche.

Die 60er-Jahre waren das Jahrzehnt des Coupés. Das war natürlich keine unbekannte Fahrzeuggattung, aber diese Karosserieform war zuvor eine reine Liebhaberangelegenheit und somit recht teuer gewesen. Denn wer ein Coupé wollte, musste entweder zum Karossier gehen und ein Unikat in Auftrag geben, oder er hatte die Chance, dass Autoproduzenten im eigenen Programm ein von externen Karosseriebauern erstelltes Coupé anboten. So beanspruchten die Großen immer mehr Nischen für sich. Sie gehorchten dem Diktat der Kunden. Vorreiter war Opel mit dem Rekord P II Coupé. Mit ihm wurde Opel zum Vollsortimenter in seiner Klasse: Limousine, zwei- und viertürig, Caravan und Lieferwagen sowie, ganz neu, ein Coupé.

Es war auch ein Trend der 60er-Jahre, immer mehr Karosserievarianten anzubieten, und parallel dazu vollzog sich der Niedergang der Karosseriebauzunft, die zuvor für Individualaufbauten zuständig gewesen war. Die Ausweitung des Angebotsprogramms beschränkte sich nicht nur auf die Karosserie, sondern auch auf Ausstattungs- und Motorvarianten. Auch hier war das Rekord-P-II-Programm breiter gefächert denn je: Standard- und Luxusvariante, 1,5-Liter- oder 1,7-Liter-Motor, Letzterer sogar in zwei Leistungsvarianten, Schaltgetriebe oder Olymat.

Zuvor hatte der Karosseriebauer Autenrieth in Darmstadt in geringer Zahl Coupés auf Basis der Zweitürer-Limousine gebaut, doch ihnen entzog Opel zur IAA 1961 die Grundlage und stellte ein eigenes Coupé vor. Im Opel-Programm war diese Kreation für Liebhaber neu, und die Linienführung zeigte sich etwas fragwürdig. Über dem unveränderten Unterbau setzten die Designer einen niedrigen, verkürzten Pavillon. Das wirkte nicht nur unharmonisch, sondern versetzte den Käufer in die Situation, dass er für rund 1000 Mark Aufpreis einen deutlich kleineren Innenraum mit hinteren Notsitzen, aber einen unverhältnismäßig großen Stauraum erwarb. Eine Zweifarbenlackierung kaschierte diesen Stilbruch etwas, und immerhin war das Coupé der erste Opel mit optionaler Metalliclackierung. Spötter nannten ihn »rasender Kofferraum«.

Das Opel-Coupé war kein Einzelfall, sondern symptomatisch für einen Trend: Jeder Individualist soll sein Wunschauto trotz rationeller Fließbandfertigung erhalten. Was für das Rekord P II Coupé galt, galt für alle anderen auch: schöner, enger, teurer - Coupé contra Vernunft. Im Themengebiet des Coupés steckt viel Psychologie. Nicht nur Individualismus, sondern auch Egoismus spielt eine Rolle. Die Autos waren immer vernünftiger geworden, ihr Innenraum wurde immer optimaler ausgenutzt. Das Coupé hingegen suggeriert dem hinten Sitzenden unmissverständlich, dass er nur geduldet ist.

Der unfamiliäre, ja unsoziale Aspekt bedeutet den Reiz des Coupés: Wer in einer fünfsitzigen Limousine alleine fährt,

Darauf war ganz Deutschland stolz. Der Mercedes 600. Das Nachkriegsdeutschland war mit diesem Wagen an die Weltspitze gelangt, und das war gut fürs Selbstbewusstsein. Niemand konnte sich der Aura des Großen Mercedes entziehen. Ergriffenheit, Bewunderung, Faszination, Enthusiasmus, Anerkennung. Das sind die Empfindungen, welche die Menschen in Anbetracht dieses exzeptionellen Automobils verspürten.

wird von der Rücksitzbank stets an die Schwiegermutter oder die Mitkegler gemahnt, an die soziale oder politisch korrekte Verpflichtung zum voll besetzten Fahrzeug. Das Coupé hingegen ist das Automobil für Paare, und der leere Beifahrersitz erlaubt jede Spekulation. So analysierte bereits 1965 Reinhard Seiffert in der Motor-Revue die Anatomie und den Reiz des Coupés.

Ein weiterer Trend der 60er-Jahre war die Automatik, damals von Fachleuten euphorisch begrüßt und von Kunden zwiespältig aufgenommen. Es gab gute Argumente dagegen: Die Automatik frisst zehn Prozent mehr Sprit und schluckt zehn Prozent Leistung, dafür ist sie zehn Prozent teurer als ein Schaltgetriebe. Automatik taugt nur für großvolumige Motoren. Automatik ist etwas für Menschen, die nicht schalten können. All diese Argumente wurden in den 60er-Jahren widerlegt. Dasjenige der Unsportlichkeit zuletzt, als Porsche im Neunelfer die Sportomatic lancierte.

Wie fuhr man in den 60er-Jahren? Nicht anders als in den 50ern, sofern man freie Fahrt hatte. Die inner- und außerstädtischen Geschwindigkeitsbegrenzun-

Ein Symbol für das Ende der Borgward-Werke. Auf einem Abstellplatz stehen im Herbst 1960 unverkäufliche kleine Lloyd und einige Arabellas. Die Lloyd Arabella war ein guter und hübscher Wagen, kam nicht ausgereift auf den Markt und ärgerte die Kunden mit vielen Kinderkrankheiten. Im Vordergrund ein Opel Blitz 1,9 Tonner, wie er vom Fließband kam. Danach erhielt er, meist beim Würzburger Karosseriewerk Voll, einen individuellen Aufbau.

Die Isabella war Borgwards erfolgreichster Wagen, quasi das Synonym für den Namen Borgward. Sie war so schön, dass die Kunden sie 1954 geradezu enthusiastisch begrüßten und kauften. Die Schöne aus dem hohen Norden entpuppte sich zwar als etwas divenhaft, aber sie wurde von Modelljahr zu Modelljahr besser und zuverlässiger. Das 1964 entstandene Bild zeigt eine Isabella nach dem 1958er Facelift beim Entladen von einem Waggon, auf dem sie durch den Gotthardtunnel unter den Schweizer Alpen hindurch transportiert wurde.

gen hatten nach wie vor ihre Gültigkeit (Tempo 50 in der Stadt, 100 km/h außerorts, ohne Limit auf der Autobahn), und die meisten Deutschen (und auch Europäer) dünkten sich als sportliche Fahrer. Sie fuhren so schnell wie möglich, rauchten beim Autofahren - und auch sonst - wie die Schlote und setzten sich durchaus alkoholisiert ans Steuer. Die 0,8-Promille-Grenze wurde erst 1973 eingeführt, Alkohol gehörte zum guten Ton.

Die Autos waren prinzipiell zwar schwächer motorisiert als heute, aber dennoch agiler. Denn sie waren viel leichter, weil sie noch keine auf das Fahrzeuggewicht drückenden Sicherheitsvorkehrungen an Bord hatten und natürlich keine elektronischen Helferlein. Ein 90 PS starker Opel Rallye Kadett wog gerade mal 880 Kilo, ein ausgewachsener Mercedes 230 W110 mit 120 PS kam auf 1350 Kilo. Zum Vergleich: Heute wiegt schon ein 80 PS starker VW Polo 1143 Kilo und ein E-Klasse-Mercedes beginnt bei 1900 Kilo Leergewicht. Mit sportlich ambitionierten 60er-Jahre-Fahrzeugen wie dem BMW 02 oder der Alfa Giulia konnte man also ganz schön brettern, nicht nur außerorts, sondern auch von Ampel zu Ampel..

Die Fahrzeugsicherheit war im Vergleich zu heute ziemlich rudimentär, ansatzweise wurden Kanten am Armaturenbrett gepolstert, Bedienknöpfe entschärft, starre Lenksäulen erhielten Knickstellen, um nicht mehr wie Lanzen zu wirken, Zweikreisbremsen wurden eingeführt. Aber Kopfstützen galten als rein sportives Zubehör und waren auf einer Ebene mit Rallyestreifen und Rostylefelgen, Kindersitze waren ein Witz, niemand schnallte sich an und der Fahrer rutschte in schnell gefahrenen Kurven auf seiner vorderen Sitzbank hin und her. Die Sitzbank war ein 50er-Jahre-Relikt, ebenso wie die Lenkradschaltung, welche sie erst ermöglichte. Aber zunehmend hatten die Wagen four on the floor, also eine Viergang-Stockschaltung in Wagenmitte und, dadurch bedingt, vordere Einzelsitze.

Ralph Naders Buch Unsafe at any speed thematisierte 1965 die Unfallsicherheit, im deutschen Fernsehen schärfte Der 7. Sinn des Fahrers Sicherheitsbewusstsein ab 1966. Die Automobilindustrie sträubte sich anfangs gegen Sicherheitsstandards, aber die zunehmende Zahl der Verkehrstoten weltweit (1969 waren es 20.000 in der Bundesrepublik, zum Vergleich: 340 Verkehrstote 2024) führte schließlich ab 1968 zum internationalen Projekt der Safety Cars, dessen Früchte erst die 70er-Jahre ernteten. In den 60er-Jahren hatten Autos keine Warnblinkanlage, ein Warndreieck war nicht Pflicht, die Notrufnummern 110 und 112 gab es nur in wenigen Großstädten, es gab keine Notrufmöglichkeiten an außerörtlichen Straßen (und natürlich keine Mobiltelefone!), sodass der Notarzt erst viel zu spät am Unfallort eintraf, und obendrein gab es nur Kranken-, jedoch keine Rettungswagen. Aber es gab natürlich Bestattungswagen.

Es ist unfair und zu pauschal zu behaupten, dass in den 60er-Jahren nur über Sicherheit geredet, aber nichts für sie getan wurde. Zu den Vorreitern gehören Daimler-Benz, Rover, Peugeot, Volvo, auch Fiat und Pininfarina, sowie seit Mitte der 60er-Jahre, gezwungenermaßen nach Ralph Naders Buch, auch General Motors. Aber die Mehrheit der Konzerne tat nichts aus eigenem Antrieb. Erst weil Regierungen, allen voran die US-amerikanische, Sicherheitsstandards zum Gesetz erhoben, reagierten die Konzerne - auch die europäischen, denn die USA waren und sind ein wichtiges Exportland.

Typischer kann eine Szene aus den frühen 60ern kaum sein, alles passt. Edeka bietet 0,7 Liter Rotwein für 1,15 Mark und eine Schale Aprikosen für 88 Pfennige an. Die Isabella als Kombi trägt Winterreifen und Schmutzlappen hinter den Rädern. Es ist die überarbeitete Version ab September 1958 mit geglätteten hinteren Kotflügeln. Den Grill zierte nun ein kleinerer Rhombus.

Viertüriger Auto Union 1000 im bayerischen Erding 1966. In diesem Jahr lief der DKW F102 aus. Das war gleichzeitig das Ende von DKW als Automobilmarke, nur der Geländewagen Munga lebte im Auftrag der Bundeswehr bis 1968 weiter. Der Zweitaktmotor war nicht mehr zeitgemäß. Er polarisierte die automobilen Menschen in geradezu fanatische Anhänger und ebenso leidenschaftliche Gegner.

Wir sehen einen zweifarbigen DKW Junior anno 1968 in Nürnberg. Er war ein hübsches Auto mit ansprechend gezeichneter Karosserie. Aber er hatte eben eine Zweitaktfahne, die nie denjenigen belästigte, der sie verursachte. Viele eingefleischte Zweitakt-Fahrer waren felsenfest davon überzeugt, dass sie ihren DKW völlig geruchsfrei fortbewegen. Je moderner der Zweitaktmotor wurde, desto geringer war die Ölbeimischung und desto geringer wurde der Gestank. Aber Gestank bleibt Gestank.

Auch der »große Prinz«, jener NSU 1000, der auf dem Foto dank seines blutorangefarbenen Lacks so wohltuend aus dem beigegrauweißen Einerlei der 60er-Jahre-Farben heraus sticht, war kein großer Wurf. Er war eben ein aufgeblasener Prinz. Dennoch: Mit dem NSU 1000 TT reagierte NSU auf die große Zahl motorsportlicher Enthusiasten, die den Großprinz auf Rundstrecken- und Bergrennen sowie auf Slalomkursen prügelten. Er bot alles, was sich die jungen Wilden von einem sportlichen Auto wünschten.

Neben dem Mercedes 600 und dem Porsche 911 war der NSU Ro 80 das meistdiskutierte deutsche Fahrzeug der 60er. Wer ihn im Herbst 1967 sah, dem blieb die Spucke weg. Man stelle sich nur einen Käfer neben einem Ro 80 vor oder sonst etwas, was damals auf Europas Straßen kreuchte und fleuchte. Welten lagen zwischen dem Ro 80 mit zu der Zeit revolutionärem Wankelmotor und all den anderen. Die Münchner Illustrierte Quick unterzog den Ro 80 einem Dauertest, startete im hohen Norden bei Hammerfest und fuhr in den tiefen Süden nach Palermo - ohne Probleme. Wo immer der Ro 80 auftauchte, wurde er enthusiastisch empfangen.

Eine unerhörte Schöpfung. Majestätsbeleidigung. Hans Glas erdreistete sich, mit seinem Glas 2600 V8 den großen Mercedes-Coupés Konkurrenz zu machen, und dann auch noch mit acht Töpfen, als der 250 SE nur deren sechs aufzuweisen hatte. Die De-Dion-Hinterachse sorgte für besten Komfort, der glastypisch kurze Radstand war unverständlich, das Design von Pietro Frua betörend (Spitzname Glaserati). Ab Juli 1966 wurde der Glas 2600 V8 ein Jahr lang gebaut, auf dem Bild eines der 666 Exemplare. Dann wurde er zum BMW geadelt. Mit 3 Litern Hubraum und 160 PS war der BMW 3000 V8 ein absolutes Ausnahmefahrzeug. Nach nur einem Jahr weiterer Bauzeit erfolgte der Produktionsstopp.

Der Schwimmwagenpionier Hanns Trippel sah in seiner »Erfindung«, dem schwimmfähigen, geländegängigen Personenwagen, einen Fahrzeugtypus, mit dem man »nach dem Kompass fahren« kann, ohne auf unüberwindliche Hindernisse zu stoßen. Auch Gewässer sollten einen Trippelwagen nicht zum Umkehren zwingen. Der Nutzen dieser Amphibien sollte nach Trippels eigenem Bekunden am ehesten darin liegen, den Menschen Freude zu bereiten.
Aus seinem Prototyp Alligator (Präsentation: Genfer Salon 1959), einem dreisitzigen Sportcabrio mit mittig angeordnetem Lenkrad, modischer Panoramascheibe sowie zeitgenössischen Heckflossen, entwickelte er nach den Vorgaben seines Investors, des Industriellen Harald Quandt, den Amphicar mit britischem Triumph-Motor im Heck. Gebaut wurde der kleine Schwimmer zwischen 1961 und 1965 in den mit der Quandt-Gruppe liierten Deutschen Waggon- und Maschinenfabriken (DWM) in Berlin-Reinickendorf. Die Karosserien kamen zunächst aus Lübeck, später auch aus Berlin.

Die Idee des schwimmfähigen Autos beschäftigte auch private Tüftler, nicht nur Hanns Trippel. Kurt Fähnrich aus Ahrensburg bei Hamburg bastelte sich peu à peu aus seinem 1965 gebraucht erworbenen Citroën ID19 einen Schwimmwagen. Die eigentlich selbsttragende Karosserie ruht auf einem Stahlrohrrahmen, Heck und Vorbau wurden als Auftriebskörper ausgebildet, ausgeschäumte Polyesterverstrebungen sorgten für Schwimmfähigkeit. Für Touristen war der Citroën eine Attraktion, für die TÜV-Prüfer hingegen ein Alptraum, den sie in den 80ern beendeten.

Die neue Zeit, die neue Strömung, das neue Gesicht. Ford-Verkaufschef Max Ueber prägte den Slogan von der »Linie der Vernunft«, und die Kölner Stylingabteilung unter der Ägide des US-Designers Wesley P. Dahlberg schuf sie. Der Ford Taunus 17m P3 vertrat eine eigenständige Linie ohne US-Vorbild, eine Variante des Themas Oval. Alles ist rundlich, selbst die Fensterscheiben. Der P3 wurde am 10. Oktober 1960 in der Bonner Beethoven-Halle präsentiert. Auf der IAA 1961 debütierte der TS. Der leistete zunächst 70 PS, ab September 1963 sogar 75 PS. Das machte den 17m TS zum Wolf im Schafspelz.

Spieglein, Spieglein auf dem Rad... Hier betrachtet sich die kleine Marion in der chromblitzenden Radkappe eines 17m P3, womöglich Papas Wagen, abgestellt vor einer Hochhaussiedlung der Münchner Trabantenstadt Hasenbergl.

Bei St. Tropez, in der Bucht St. Maxime in Südfrankreich, im April 1968: Urlaub mit dem Ford Taunus 20m P5. Im Stile des erfolgreichen 17m P3, mit dem Ford erstmals Opel überholen konnte, aber eine Nummer größer und mit V- statt Reihenmotoren, konstruierte Ford den P5, gebaut von August 1964 bis Juli 1967. Größer musste der P5 schon alleine deswegen werden, um sich vom 12m P4 gehörig zu distanzieren. Im Bild das Spitzenmodell, ein viertüriger 20m TS mit Zierleisten entlang der Lichtkante.

Als Reaktion auf den überaus erfolgreichen Opel Rallye Kadett lancierte Ford im Frühjahr 1968 den 15m RS. Technisch entsprach er dem 15m TS P6, hatte also den 17m-Motor unter der Haube. Optisch fällt er durch aggressive Kriegsbemalung auf, und sein ganzer Habitus ist auf Sportlichkeit ausgelegt. Unterstützt wurde dies durch serienmäßige Gürtelreifen. Lieferbar nur in Rot oder Silbermetallic.
Der weiße Wagen links im Bild ist ein Simca 1501, gleiche Größenkategorie wie der 15m. Wie grazil und flüssig gezeichnet der Simca doch wirkt, wenn man ihn mit dem etwas klobigen Ford vergleicht!

In England ersetzte der Escort den populären Ford Anglia, in Deutschland ergänzte er das Programm unterhalb der 12m/15m-Reihe ab 1968. Er wurde für Europa im belgischen Genk und später in Saarlouis gebaut, hatte zunächst einen schweren Stand bei uns. Erst in den 70ern profitierte der Escort vom Image seines heißen Bruders, des RS 2000.

Der Opel Kapitän P1 brachte den US-Traumwagenstil auf deutsche Straßen. Dank bewährter Technik und seines unerhörten Stylings machte er den großen Opel zum Sinnbild des Wirtschaftswunders. Aber Schönheit muss leiden. Die bis zum Äußersten getriebene Eleganz bedingte praktische Nachteile. Der Kapitän P1 lebte nur ein Jahr, von Juni 1958 bis August 1959. Das machte ihn schon früh in Liebhaberkreisen interessant. Diese Dame fuhr ihren schwarzen Kapitän im Rock-'n'-Roll-Stil bis weit in die 60er-Jahre hinein und war damit so out of date, dass sie mit ihrem Wagen schon wieder Stil bewies.

Mit dem Rekord A im Winterurlaub, zusammen mit einem Austin Healey Sprite, einem Rekord P II Coupé und einem VW 1500 L Stufenheck. Der Opel Rekord A war das Repräsentationsfahrzeug der oberen Mittelschicht, und weil er nun statt Lenkradschaltung »four on the floor« hatte, wie die Deutschen anglizierten, fühlte sich Papa wie im Formel-1-Boliden. An diesem Wagen gab es nahezu nichts auszusetzen, außer, dass die schmale hintere Spur nicht zur ausladenden Karosserie passen wollte.

Lauschig, das Kirchlein. Eine Touristenattraktion. Wer jung, wohlhabend und zu zweit war, kam im rassigen Fiat 1500 Cabriolet mit Pininfarina-Karosserie in die Berge, die arrivierte Mittelschicht im VW 1600 Stufenheck oder eben im Opel Rekord A. Einen Mercedes sehen wir nicht. Mercedes-Fahrer fanden das Kirchlein vielleicht zu popelig.

Nach dem kurzlebigen Kapitän P1 kam der Kapitän P2, wie er hinter dem Brunnen steht, an dem Opel alles verbesserte, was dem Vorgänger das Leben versaut hatte. Nun war er ein erstklassiger Wagen, nach wie vor eine Mercedes-Alternative zum günstigeren Preis. Sein Nachfolger, der Admiral A, zeigt uns sein Heck. Die Aufnahme entstand am Marktplatz im hessischen Michelstadt 1967.

Ein neues Auto ist für einen Händler stets eine Herausforderung. Mit Werksunterstützung gilt es, die Neuerscheinung adäquat zu präsentieren. Für langjährige Händler ist eine Präsentation Routine, aber nicht so im Herbst 1962. Opel drang mit dem Kadett A in ein neues Marktsegment vor, in dem es bislang keinen Opel gegeben hatte. Dafür gab es einen übermächtigen und etablierten Gegner, das meistverkaufte Auto: Mit dem Kadett A griff Opel den VW Käfer an. Fachleute und Journalisten vom Neuen zu überzeugen, ist die eine Sache. Aber den Kadett dem Kunden schmackhaft zu machen, war Aufgabe der Händler.

Bad Soden-Allendorf 1967, zwei Kadett, zwei Käfer. Typisch ist das Verhältnis nicht. Statistisch dürfte es nur ein Kadett sein. Was soll's. Der Opel Kadett A verkaufte sich hervorragend und war eine echte Käfer-Alternative, ohne ihm je das Wasser reichen zu können. Der Kadett war ein in Rüsselsheim konstruierter und gezeichneter Wagen, also ein deutscher Opel, kein amerikanischer.
Das Projekt TL700, so wurde es intern genannt, oblag dem technischen Direktor von Opel, Karl Stief; für die Technik war Werner K. Strobel (leitender Konstrukteur für Pkw-Chassis), für die Karosserie Chefingenieur Hans Mersheimer (Leiter Karosseriekonstruktion) zuständig. Er war kein Stilist, sondern ein Ingenieur, kein Künstler, sondern ein Pragmatiker. Das merkt man dem Resultat an jeder Ecke an.

Der Kadett B war ein riesiger Erfolg, konstruktiv Mittelmaß, qualitativ prima, ein Allrounder, wie ihn sich der Durchschnittsfahrer wünscht, und obendrein auf dem Gebrauchtwagenmarkt gefragt. Sein Karosseriedesign nennt man zu Recht gefällig, denn es findet allgemein Gefallen. Und das liegt in seiner Durchschnittlichkeit begründet. Die Palette reichte von der zahmen Familienkutsche bis zum heißen Rallye-Kadett, also vom Biedermann bis zum Brandstifter, und selten vereinigte eine Typenpalette so unterschiedliche Charaktere wie diejenige des Opel Kadett B.

Helldrivers verdienten ihr Geld, indem sie Autos vorsätzlich kaputtmachten. Das Publikum liebte es in den 60er- und 70er-Jahren, wenn die Teufelsfahrer in die Stadt kamen. Ein bevorzugtes Fahrzeug: der Opel Rekord C Sprint. Die »zivilisierte« Variante der Film-Stuntmen waren die Helldrivers, die Teufelsfahrer. Sie bevorzugten Opel-Wagen. Schausteller machten sich die Popularität der Stuntmen à la Gil Delamare und José Canga zunutze und tingelten von Ort zu Ort. Auf großen Park- oder Volksfestplätzen hielten sie ihr Spektakel ab. In den späten 60ern und bis weit in die 70er-Jahre hinein waren Helldrivers eine große Attraktion. Vor allem autobegeisterte Jungs zerrten ihre Eltern zu derartigen Veranstaltungen.

Das meist jugendliche Publikum kreischte »mehr, mehr, mehr«, und meistens gab es mehr. Die Scheiben der Wagen waren ausgebaut, um splitterndes Glas zu vermeiden, die Wagen trugen Sicherheitsgurte und meist wurde ihnen ein selbstgebauter Überrollbügel aus Rundrohreisen eingepasst. Die Fahrer, meist Kfz-Mechaniker von Beruf, beherrschten ihren Job, Verletzungen gab es selten, Todesfälle sind nicht bekannt. Was die Helldrivers hinterließen, war nur Schrott. Und Ölflecken. Aber das sah man damals nicht so eng. Ein bisschen Holzspäne als Bindemittel darauf gestreut und gut war's. Das Umweltbewusstsein kam erst Mitte der 70er auf, und zeitgleich endete auch die Hochphase der Teufelsfahrer.

In den 60ern gab es in Deutschland noch Lieferwagen auf Pkw-Basis. Opel war der erste deutsche Autobauer, der die Idee des Stadtlieferwagens ernst genug nahm, um ihn zur eigenständigen Modellreihe zu erheben. Auf Basis des P4 bot Opel ab 1936 einen kleinen Lieferwagen an, den sogenannten Geschäftswagen. Die Caravans mit Verblechungen statt Seitenscheiben waren für Langstreckenfahrten interessant, als Transporter à la VW Bulli noch reinen Nutzfahrzeugcharakter hatten.

Ein sehr individueller Caravan, den man nicht vom Opel-Händler bekam: Admiral B mit Aufbau des Karosseriers Welsch aus Mayen, stilistisch zwar fragwürdig, aber immerhin einzigartig. Trotz der dunklen Farbgebung, vermutlich schwarz, handelt es sich nicht um einen Bestattungswagen!

Der Käfer war immer und überall, in ganz Europa und besonders in Deutschland. Deutschland war Käfer-Land. Niemand kaufte in den 60er-Jahren den Käfer noch wegen seiner besonderen Anziehungskraft. Es ging einzig und allein um die wirtschaftlichen Vorteile dieses Wagens, um seine Vernunft, seine Perfektion und in geringem Maße um seine Klassenlosigkeit. Den einen war er egal, weil er sie nur zu transportieren hatte. Die anderen liebten ihn wie ein Familienmitglied. Im Bild ein 1960er Käfer (noch mit schwarzen Kotflügelkedern) und Opel Rekord P2 im Mai 1963.

Eine typische End-60er-Szenerie in Garmisch-Partenkirchen. Der Volkswagen dominiert eindeutig, der rote Wagen bereits mit den Eisenbahnschienen-Stoßstangen ab 1967. Käfer-Aufsteiger fuhren einen VW 1500 oder 1600 als Stufenheck oder Fließheck. Ihn gab es lange und er war gut etabliert. Aber für sein Geld bot er einfach zu wenig.
Links im Bild die unverzichtbaren Opel, ein roter Kadett B und ein weißes Rekord B Coupé. Im Vordergrund entschwindet ein Mercedes W 108. Wenn statt des Rekord B ein Rekord C auf dem Foto wäre, so hätten wir die populärsten Autos ihrer Zeit auf einem Bild vereint.

ADAC-Gruppenfoto aus den späten 60er-Jahren mit Spar-Käfer, Ford 12m P6 Turnier, Mercedes L 319 Abschleppwagen und Mercedes L 508 Autotransporter mit Karosseriebauer-Fahrerhaus, beladen mit einem Škoda 1000 MB. Der Volkswagen war damals das ADAC-Auto schlechthin, überhaupt das Behördenauto. Die Polizei fuhr ihn, die Post fuhr ihn, alle fuhren ihn. Weil Heinrich Nordhoff bereits Volkswagen liefern konnte, als andere Autofirmen noch ihre Kriegswunden leckten, verschaffte er sich einen Vorsprung bei Behörden, von dem der Wolfsburger Konzern jahrzehntelang profitierte.

Der Käfer in Verkleidung, der individuellste Käfer, den man beim VW-Händler kaufen konnte. Der Karmann Ghia war todschick und ein typisches Damenauto (Spitzname Sekretärinnen-Porsche). Auch dieses Exemplar wird von Damenhand gesteuert. Die lackierte Front war natürlich steinschlag-gefährdet, und die Rostpickel sind gut zu sehen, Rost auch an den Scheinwerferausschnitten - kein Wunder, wenn man wie auf dem Foto auf unbefestigten Wegen fährt. Der abgebildete Wagen ist eindeutig ein 60er-Jahre-Karmann, genauer von 1968. Er trägt noch das Facelift vom August 1959. Ansonsten machte er sämtliche Käfer-Evolutionsschritte mit. Völlig außer der Mode wurde er bis Juli 1974 gebaut.

Der Typ 3 beendete die Monokultur des Käfers bei VW. Der Variant brachte es auf größere Stückzahlen als die Limousine, denn er war praktisch und formal auch der Ausgewogenste des Typ-3-Trios. Die beiden abgebildeten Wagen sind VW 1500 A mit Normalausstattung, kenntlich an den kleinen runden Blinkern und den fehlenden Stoßstangenhörnern, Baujahr August 1965 bis Juli 1969. Im Hintergrund ein Opel Rekord P1. (Foto: Archiv Altstadt)

Der VW 411 erfüllte die in ihn gesetzten Erwartungen nicht und im Blätterwald rauschte bald das Gerücht, er werde vorzeitig zugunsten der NSU-Erbschaft K70 eingestellt. Dies traf nicht zu, VW überarbeitete 1969 den 411 zum 411 E mit Doppelscheinwerfern und Einspritzmotor und lancierte sogar einen Variant. Das Bild zeigt den brandneuen VW 411 beim Presse- und Funkball in Berlin am 11. Januar 1969.

Bulli hätte der VW Transporter nominal gerne geheißen. Aber der Traktorenhersteller Lanz machte den Wolfsburgern einen Strich durch die Rechnung, hatte er doch bereits einen Bulldog gleichen Namens im Programm. Dieser Kastenwagen der letzten Evolutionsstufe der ersten Generation ist mitten im Geschehen bürgerlichen Ungehorsams. Bei der Demonstration scheint es um die Anerkennung der DDR zu gehen, auf den Plakaten ist von »zwei Willys« die Rede, also Bundeskanzler Willy Brandt und Willi Stoph. Die Demo fand wohl 1969 statt, im Vorfeld des Besuches Brandts in Erfurt.

Für ein gemeinsames Skiwochenende war der Samba besonders geeignet. Gleich mehrere warten in Lech, Vorarlberg, auf die Schihaserln, die sich auf der Piste tummeln. Der Sambabus, ein Repräsentationsfahrzeug für jedes Unternehmen, steuerte die Touristenattraktionen Deutschlands, Österreichs und der Schweiz an, stand in Diensten von Busunternehmen oder Hotels und beförderte Prominente oder Ausflugsgesellschaften.

Der VW Typ 147, landläufig Fridolin genannt, hatte wenig mit dem Transporter zu tun. Aber er war auch zum Transportieren gemacht, und zwar im Auftrag der Post. Die Karosserien schuf Westfalia in Wiedenbrück. Die Paketzustellwagen basierten technisch auf dem Käfer und saßen auf der Bodengruppe des »kleinen« Karmann Ghia. Von 1964 bis 1974 wurden 6139 Exemplare gebaut, wovon die meisten an die Bundespost sowie 1201 Einheiten an die Schweizerische Post gingen. Einige versahen ihre Dienste, wie im Bild vom Hamburger Flughafen zu sehen, auch auf dem Vorfeld.

Er blieb repräsentativ und beeindruckend, aber die Zeit ging nicht spurlos am »Barockengel« vorbei. Der große BMW 501 und 502, ein veritables Kind der frühen 50er-Jahre und schon damals etwas old-fashioned, wurde bis 1964 gebaut, zuletzt als Typ 3,2 Liter Super. Kaum vorstellbar, dass er noch parallel zum BMW 1500 vom Band lief. Die im Polizeidienst stehenden Wagen erlangten große Popularität durch die Fernsehserie »Funkstreife Isar 12«.

Willi Martini war eine Rennfahrerlegende und ein BMW-Händler. Unter seiner Hand entstanden viele getunte BMW 700, ab 1962 sogar eine eigene Kreation auf Basis des 700ers. Das war ein Rennsportcoupé mit Stahlrohraufbau und mittragender Kunststoffkarosserie. Es gab zwei Serien und insgesamt zehn Exemplare des Martini-BMW 700 RS mit Straßenzulassung. Im Bild ein Wagen der zweiten Serie, fotografiert im Dezember 1964. Das Design stammt von Willi Martini und Uwe Bahnsen. Bahnsen war von 1958 bis 1986 in verschiedenen Positionen im deutschen Ford-Designzentrum tätig.

Während der 50er-Jahre konnte BMW kein Auto anbieten, das wirklich in den Markt passte. Der Umschwung kam mit dem kleinen 700er, die »Neue Klasse« ab 1963 machte endlich Gewinn. Ihr erster Vertreter, der BMW 1500, hier am Flughafen München-Riem zu sehen, war keineswegs ein perfektes Auto. Aber es zielte auf genau die Klientel der Borgward Isabella TS, die nach dem Borgward-Ruin nicht mehr bedient hatte werden können. Sein Nachfolger, der BMW 1600 beziehungsweise 1800, sicherte den Münchnern endgültig den Kundenstamm. Ihre kleinere, zweitürige Ausgabe, der 02, war eine Sensation.

Der BMW 2000 ab Anfang 1966 unterschied sich optisch vom 1800er durch Breitbandscheinwerfer und größere Heckleuchten. Aus dem 2000 TI im 1800er-Kleid wurde im Sommer 1968 der 2000 Tilux, der dem normalen 2000 glich. Ein automatisches Getriebe war in den 60er-Jahren ein so besonderes Attribut, dass es eines speziellen Heckschriftzuges bedurfte, der an diesem im Tessin zugelassenen Wagen oberhalb des rechten Schlusslichtes prangt. Davor steht ein goldfarbener 69er Pontiac Firebird, bei den Eidgenossen damals nichts Ungewöhnliches.

Der 02er war ein heißes Sportgerät, die Aufnahme entstand am 22. März 1968 auf dem Nürburgring. Bei der Deutschen Automobil-Rundstrecken-Meisterschaft (grob gesagt der Vorgängerin der DTM) waren die 02er BMW das bestimmende Element in der kleinen Division 2 und hatten eigentlich nur die scharf gemachten Ford Escort Twin Cam zu fürchten. Etliche Tuning-Firmen spezialisierten sich damals auf BMW und die meisten sind noch heute im Geschäft: Alpina, Schnitzer, GS-Tuning, Koeppchen und andere.

Die Würzburger Residenz Anfang der 60er-Jahre. Zwei Ford Taunus 17m P3 belegen das neue Jahrzehnt. Am linken Bildrand entschwindet ein 1959er Chevrolet Impala mit seinen geradezu grotesken Heckflossen, es mag der Wagen eines amerikanischen Besatzungssoldaten gewesen sein. Deutsche fuhren nahezu keine derartigen Autos, eher Mercedes, wie der hellgraue Wagen mit Faltschiebedach in Bildmitte. Der 180er Diesel trägt noch Stoßstangenhörner und hat schon vordere Ausstellfenster, was auf Baujahr 1957 bis 1959 schließen lässt. Der Handwerker vor ihm hat einen damals beliebten Einachsanhänger an seinen Ford FK 1000 Kombi gehängt.

Ein typisches End-Sechziger-Auto: Original ist anders. Er trägt in den Grill einmodellierten Zusatzscheinwerfer. Eine professionelle Karosseriebauer-Arbeit, Doppelstoßstangen à la Heckflossen-220-SE, Zweifarb-Metalliclackierung und eine lange CB-Antenne (»Delta-Fox ruft Iron Lady, over and out«).

In Stuttgart spricht man vom »Mopfen«, wenn eine Baureihe überarbeitet wird. »Mopf« ist nämlich die Abbreviatur von MOdellPFlege. Im August 1965 erschienen die gemopften Vierzylinder und hießen fortan 200 und 200 D. Die Front wurde geschickt überarbeitet und es wurde das getan, was eigentlich schon zur Einführung der Modellreihe hätte getan werden müssen: Die Blinker, in Einheit mit den Parklichtern, wanderten unter die Scheinwerfer. Das stand dem Wagen gut zu Gesicht.

Das ebenfalls etwas nackte Heck wurde auch aufgewertet: Eckigere, größere Heckleuchten und zusätzlicher Chromschmuck ließen die Heckpartie etwas schwerer werden. In der C-Säule saß nun eine Dauerentlüftung. Viel tat sich unter der Haube. Der Ottomotor bekam 100 Kubik mehr Hubraum eingeschenkt, seine zwei Liter rechtfertigten die neue Typenbezeichnung. Fünffach gelagerte Kurbelwelle, höhere Verdichtung, Doppelvergaseranlage - durch klassisches »Werkstuning« stieg die Motorleistung um satte 15 auf 95 PS an.

Hallstadt im Oberfränkischen, an Ostern 1966. Am Marktplatz parkt ein Mercedes 300 SE Coupé, zusammen mit dem Cabriolet ab 1962 das Topmodell der Mercedes-Palette: viel Chrom, viel Leder, viel Leistung und Luftfederung. Das war ein teurer Wagen, nicht viele konnten ihn sich leisten. 31.350 Mark kostete er und sah auf den ersten Blick genauso aus wie ein 220 SE Coupé, das es für 23.500 Mark gab. Dahinter ein dunkelroter Simca 1000, ein Käfer und dahinter ein Fiat 1300 oder 1500, rechts eine Renault Floride mit Hardtop.

Das ist keine artgerechte Haltung für einen Mercedes 250 SE. Aber es zeigt, was für ein Potenzial in dieser Reiselimousine steckte. Ganz nonchalant nimmt ein sportlich ambitionierter Eigentümer seinen immerhin über 17.000 Mark teuren, recht neuen Wagen her und versucht sich im Münchner Hinterland als Slalomfahrer. Bestimmt wedelten die NSU TTS schneller um die Lübecker Hüte, aber Spaß gemacht hat es dem Mercedes-Piloten sicherlich, mal seine Reifen quietschen zu hören.
(Foto: Holl)

Langenburg, die kleinste Stadt Baden-Württembergs, im Jahre 1969. Der Mercedes »Strich-Acht« war ab 1968 rund 20 Jahre lang präsent im Straßenbild und sein Übergang vom Gebrauchtwagen zum Kultauto verlief fließend. Warum eigentlich »Strich-Acht«? Kein Mercedes heißt so. Und dieser offiziell auch nicht. Die Vierzylinder heißen W115, die Sechszylinder-Limousinen und -Coupés W114. Ein neues Wort wurde für das neue Auto geprägt, lange bevor alle Welt vom »Strich-Acht« sprach: die »Neue Generation«. Ob es nun von Journalisten formuliert und von Daimler-Benz dankbar aufgegriffen wurde, oder ob der Konzern diese Bezeichnung lancierte, sei dahin gestellt. Jedenfalls hatte die Modellfamilie einen Namen.

Das Wort »Strich-Acht« kam so: Etliche Typen der neuen Modellgeneration trugen dieselben Typenbezeichnungen wie ihre Vorgänger, so der Mercedes 200 und der 230. Intern bezeichnete Daimler-Benz die neuen Wagen mit einer durch einen Schrägstrich von der Typenbezeichnung abgesetzten 8 für das Erscheinungsjahr 1968: 200/8, 250/8, 220 D/8 etc. Das hat sich eingebürgert und wird, intern wie extern, bis heute praktiziert.

Wie so oft, wenn man übermütig ist, fällt man auf die Schnauze. Oder, wenn man ein Porsche ist, eben in den Graben. Hannoveraner Porsche 356 Carrera mit dem von Ernst Fuhrmann konstruierten und aus dem 550/1500 RS Spyder bekannten Viernockenwellen-Motor, für den Straßenbetrieb zivilisiert zwar, aber immer noch satte 100 PS aus 1,5 Litern Hubraum. Von außen sah man dem Boliden nichts an. Nur der auf dem Foto gut lesbare »Carrera«-Schriftzug unter dem Porsche-Signet oberhalb der Kennzeichenbeleuchtung deutete darauf hin: 11,8 Sekunden auf Tempo 100, Topspeed 200 km/h. Was für ein Wagen!
(Foto: Archiv Lück)

Die Farben der 60er-Jahre, immer wieder: beige, grau, dunkel, einige Pastelltöne. Und dann das! Ein Porsche 911 T von 1969 in knalligem Orange. Der Karlsplatz mit Neuem Schloss in Stuttgart heißt im Volksmund Planie, und die Planie bebt unter dem Sound des Zweiliter-Sechszylinder-Boxers mit 110 PS.
Der 911 T war ab 1968, mit Einführung der A-Serie, das Einstiegsmodell in die Baureihe. Er trug den Sechszylinder-Boxer, hatte aber die Ausstattung des seitherigen Porsche 912, der den Vierzylinder aus dem 356 in die neue Baureihe hinübergerettet hatte, und musste mit einer Viergang-Box auskommen.
(Foto: Archiv Porsche)

Die Zeiten waren vorüber, als sich ein Paar mit komplettem Urlaubsgerödel in die Isetta gezwängt und die Alpen unter unsäglichen Strapazen für Mensch und Maschine überquert hatte. Diese Ulmer Isetta durfte Anfang der 60er Jahre an den Gardasee und wurde in Torbole abgelichtet. Aber der saturierte 60er-Jahre-Deutsche chauffierte in dieser Zeit längst einen Käfer.

Kapitel 3:

Zu satt für Hungermobile: Das Jahrzehnt ohne Kleinstwagen

Eine Dekade ohne Kleinstwagen waren die 60er-Jahre - grob gesprochen. Die Menschen waren saturiert, es ging ihnen gut, wahre Armut war selten. Studenten fuhren bis Mitte der 60er ausrangierte Mikroben, und ein schönes Zeitzeugnis sind die abgebildeten Fotos der »Häusler-Studentenaktion«. Der Münchner Opel-Händler zahlte Studenten 30 Mark für ein Werbeplakat an den Flanken eines Kleinwagens untergegangener Hersteller, auf dem auf den neuen Opel Kadett A hingewiesen wird: »... und morgen im Kadett von Opel-Häusler!«. Die 50er-Jahre-Winzlinge vom Schlage eines Goggomobils oder Lloyds, heute vergöttert, wurden damals verspottet. Ihr Ansehen war am Boden. Sie symbolisierten Armut. Damals wurde Armut nicht, wie heute, fast schon zum sozialen Privileg hochstilisiert, sondern als Lebensunfähigkeit verachtet und als Ausdruck von Faulheit gegeißelt. Niemand jammerte den Winz-Mobilen nach, und aufgrund ihrer Bauweise und der prekären Ersatzteilsituation waren sie schnell verschwunden und vergessen.

Es gab eine kleine, im Aussterben befindliche Klientel, die ihnen nachtrauerte und sie nicht aus Gründen der Armut oder Überzeugung fuhr, sondern aus schierer Notwendigkeit. Das waren jene älteren Herren, die einen alten Führerschein der Klasse IV besaßen und ihn vor dem 1. Dezember 1954 erworben hatten. Dieser Führerschein, 1933 eingeführt, galt für Motorräder und auch für Autos bis zu 250 cm^3 Hubraum. So mancher hatte ihn noch und scheute sich vor der theoretischen und praktischen Prüfung, um einen aktuellen Pkw-Führerschein (Klasse I) zu erwerben. Stattdessen fuhr er seine alte Isetta oder das kleine Goggo, bis es auseinanderbrach. Daher der Name »Führerscheinangst-Autos« für die Kleinsten unter den Kleinen. Diese Klientel wurde auch weiterhin bedient, in bescheidenem Rahmen. Steinwinter in Stuttgart bot zunächst den Junior auf Basis Fiat 500, in den 70ern den 250 L auf Basis Fiat 126 an. In die kleinen Italiener wurde der Goggo-Motor mit 247 cm^3 und 13,6 PS implantiert, und so wurden sie Klasse-IV-tauglich. Diese Wagen waren bis in die 80er-Jahre hinein erhältlich. Spätestens dann stellten die Inhaber des alten Führerscheins der Klasse IV keine wirtschaftliche Relevanz mehr dar.

Die wirklichen Kleinwagen der 60er-Jahre waren vorzüglich Importwagen. Die deutsche Fiat in Heilbronn baute bis 1969 den NSU/Fiat Jagst 770 respektive Neckar Jagst 2, eine Lizenz des Fiat 600, der danach als Fiat 770 S weiterhin in Deutschland vertrieben wurde, aber aus Spanien kam und ein geborener Seat 600E war. NSU hielt während der kompletten 60er-Jahre an seinem Prinz IV fest, den hübschen Sport-Prinz mit seinen kecken Heckflösschen gab es bis 1968, der Wankel-Spider auf seiner Basis nahm den NSU Ro 80 in Bezug auf den revolutionären Wankelmotor voraus (war aber kein Kleinwagen, sondern schon zu Lebzeiten ein Liebhaberstück für Technikversessene).

BMW wurde vom erfolgreichen 700er am Leben erhalten, bis die Münchner endlich mit der »Neuen Klasse« ein richtiges und zeitgemäßes Auto präsentieren konnten. Natürlich retteten sich einige Mikroben in die 60er-Jahre hinein, fungierten aber allenfalls unter »ferner liefen ...«. Den Messerschmitt alias FMR Kabinenroller gab es bis 1964, das Fuldamobil bis Frühjahr 1969, das Goggomobil als Limousine und Coupé bis Mai 1969.

Die 60er-Jahre waren in Bezug auf die Automobilisierung und den Verkehr auf einem so hohen Niveau, dass die sich anbahnenden Probleme, welche die 70er Jahre beherrschen sollten, einfach noch nicht wahrgenommen wurden. Die fortschrittsgläubigen Menschen dachten in den Kategorien größer, schneller, besser und waren blind für die dunklen Wolken, die sich am Firmament gegen Ende des Jahrzehnts zusammenbrauten. Sie dachten, es gehe unendlich auf dem hohen Niveau weiter. Einige wenige dachten voraus.

Zu ihnen gehörte Claudius Dornier junior. Er hatte den Delta-Prototyp konstruiert, aus dem später der erfolglose Zündapp Janus werden sollte. Dann folgten zehn autolose Jahre für Dornier. Er konzentrierte sich voll auf den Flugzeugbau. 1968 entwarf er dann den Dornier Delta II, wieder einen Kleinstwagen, dann aber unter ganz anderen Voraussetzungen als zu Beginn der 50er-Jahre. Damals war der Kleinwagen ein Minimalfortbewegungsmittel für Menschen, die sich keinen größeren Wagen leisten konnten, aber dennoch nicht zu Fuß gehen oder mit dem Motorrad fahren wollten. Ende der 60er-Jahre hingegen fuhr jedermann Auto. Resultat waren verstopfte Innenstädte, Parkplatznöte und bereits merkbar steigende Abgaswerte. Parallel dazu stiegen die Kraftstoffpreise, die später während der ersten Ölkrise im Jahr '73 eskalierten.

Der Delta II wurde von Dornier jr. in München erdacht, die Fertigstellung erfolgte in den beiden Dornier-Werken Friedrichshafen und Oberpfaffenhofen. Der Delta II geisterte lange durch die Presse, wurde viel gelobt und viel erprobt und mutierte während seines Autolebens mehrfach. Zu einer Serienfabrikation kam es nie.

Die kleinen Achtzollräder waren richtige Schlaglochsucher, und mit dem Fahr- und Kippverhalten hatte der Delta II dieselben Probleme wie 30 Jahre später der Smart in seinem Anfangsstadium. Schuld war beim Dornier Delta II ebenso wie beim Smart der hohe Schwerpunkt und der kurze Radstand. Dornier jr. war der Trendsetter der kleinen Stadtfahrzeuge à la Urbanix, die in den 70er-Jahren als Reaktion auf die akuten Verkehrsprobleme entstehen sollten.

Erinnern wir uns: Bereits im Sommer 1961 schrieb Fritz B. Busch in der Zeitschrift Motor-Revue über kleine Stadtwagen: »Noah baute seine Arche, aber wir bauen keinen Stadtwagen, obgleich die Sintflut des Automobils längst über uns gekommen ist.« - die unzeitgemäßen Rufer in der Wüste, deren Schall erst erhört wurde, als der Liter Sprit 1974 eine D-Mark kosten sollte.

Wer Roller und Motorräder baute, erlebte harte Zeiten. Vorbei waren die Jahre beginnenden Wohlstandes, als ein motorisiertes Zweirad den Einstieg in die große Mobilität bedeutete. Die ganzen Mikroben ab Mitte der 50er waren ohnehin entstanden, weil die Zweiradbauer ein neues Betätigungsfeld gesucht und auf den wachsenden Geldsegen der Deutschen reagiert hatten. Im Bild ein Heinkel Tourist Motorroller, gebaut von 1953 bis immerhin 1965 und in jenem Jahr auch fotografiert.

Ein Zündapp Janus war schon zu Lebzeiten ein seltener Vogel auf deutschen Straßen (6902 gebaute Exemplare). Eine zwiespältige Konstruktion, ganz seinem Namen entsprechend: heillos untermotorisiert, bester Gewichtsausgleich dank Mittelmotor, aufwändiges Fahrwerk, vorne und hinten gleich. Aber die Passagiere saßen Rücken an Rücken, und die hinten Sitzenden konnten sich nie an das absolut passive Mitgefahrenwerden gewöhnen. Im Bild eine mit Kirschbäumen gesäumte Straße an einem Frühlingstag 1964 mit einem rechts entschwindenden Zündapp Janus,

Das Goggo war eine Alltäglichkeit, das ganze Jahrzehnt hindurch, und wurde bis Mai 1969 fabrikneu angeboten. Das abgebildete Fahrzeug ist ein frühes Goggerl mit kleinen Rücklichtern (April 1955 bis Herbst 1957). In seinem Heck saß ein laut kreischender Zweizylinder-Zweitakter (250 cm^3 mit 14 oder 300 cm^3 mit 14,8 PS). Im ländlichen Raum hielten sich die automobilen Mikroben weit länger als in der Stadt. So manches Bäuerchen kurvte noch in den 70er-Jahren mit seinem Goggo oder Lloyd herum. Aufnahme 1963 in Hohenburg in der Oberpfalz. (Foto: Archiv Lück)

Radlos aber nicht ratlos: Eine solche Situation kann man nur mit einer gehörigen Portion Nonchalance bewältigen. Aussteigen, das Rad einfangen, zurücktragen, das Auto an den Straßenrand bugsieren (Leergewicht 480 Kilo) und das Rad wieder montieren. Dieses Goggomobil Coupé ist ein spätes Exemplar, kenntlich an den vorne angeschlagenen Türen. Das war die einzige Goggo-Modellpflege in den 60er-Jahren.

Die »Studentenaktion« des Münchner Opel-Händlers Häusler im Sommer 1963. Damals bewarb Opel sehr offensiv den völlig neuen Kadett A. Das war nicht nur ein neues Auto, sondern Opels Vorstoß in eine neue Wagenklasse, der Kampf gegen den omnipotenten Volkswagen. Studenten bekamen 30 Mark und klebten das Werbeplakat an ihren fahrbaren Untersatz - vorzugsweise Kleinstwagen von Marken, die damals bereits nicht mehr existierten.
Oben sieht man einen »Leukoplastbomber«, einen Lloyd LP400 mit 13 PS unter der Vorderhaube, die Anfang 1953 erschienene Endausführung des Lloyd, die sich bis zum Borgward-Konkurs 1961 auch nicht mehr großartig ändern sollte.
Unten ein Gutbrod Superior. Er war 1963 längst Geschichte, im Frühjahr 1954 wurden die letzten Gutbrod Superior aus Restbeständen montiert. Der Hausgerätehersteller Bauknecht kaufte das Gutbrod-Werk in Plochingen am Neckar.

Die Ente, der Döschewo. In Frankreich ein normaler Kleinwagen mit ingeniöser Karosserie, in Deutschland Ausdruck eines extravaganten Lebensgefühles. Aber sie war ein Blechkistchen. So mancher Vater kaufte seiner Frau oder seinem studierenden Kinde lieber einen Käfer, weil dieser stabiler war. Sonderlich viel Unfallsicherheit bot der kleine Citroën nicht.

So ungewöhnlich wie jeder Citroën präsentierte sich der Ami 6 ab 1961. Seine Individualität ging fast ins Schrullige über und sein Design polarisierte. Für die einen war er das hässlichste Auto der Welt, für die anderen der Gipfel automobiler Ingenieurskunst. Der Citroën Ami 6 sieht ganz anders aus als andere Autos: Sein am meisten herausragendes Merkmal ist die quasi verkehrt herum schräg stehende Heckscheibe, vom Dach überschirmt. Die Motorhaube sieht aus, als sei sie gewaltig eingebeult. Gerade Flächen: Fehlanzeige.

Das kleine Kistchen, das sich hier zwischen ausgewachsenen Autos im Verkehr bewegt, ist die erste Evolutionsstufe des Dornier Delta II, technisch ein Goggomobil und mit einer Sperrholzkarosserie versehen. Ab 1968 drehte dieser Prototyp seine Erprobungsrunden in Bayern. Wie kurz und hoch er ist, zeigt der Vergleich mit den automobilen Alltäglichkeiten des Jahres 1968.

Kapitel 4:

Eingemauert, abgeriegelt, auf besonderem Terrain: Autofahren nach Berlin

1963 sprach John F. Kennedy seine berühmten Worte. Aber ein Verwandtenbesuch im Ostteil der Stadt war dennoch kaum möglich. Die Mauer bildete ein schier unüberwindliches Hindernis von West nach Ost und ein tatsächlich unüberwindliches in umgekehrter Richtung.
Vor dem Verwandtenbesuch mussten Passierscheine beantragt werden. Bei der ersten Passierscheinaktion 1963 nach dem Mauerbau haben Westberliner mit Hunderten anderer Antragsteller stundenlang auf Schulhöfen anstehen müssen, bis sie schließlich einen Antrag stellen konnten. Und danach bildeten sich Autoschlangen wie die hier abgebildete. Das war das zweite Mal Anstehen. Das Foto stammt vom Übergang Heinrich-Heine-Straße.

Eine freie Stadt war Berlin seit Kriegsende nicht mehr. Ab August 1961 war der letzte Rest an Freiheit verloren. Berlin war fortan eingemauert. 28 Jahre lang, bis im November 1989 die DDR und in der Folge das gesamte sozialistische System des Ostblocks zusammenbrachen.

Die Berliner Mauer umschloss die drei Westsektoren Berlins, den amerikanischen, den britischen und den französischen, und riegelte sie hermetisch ab. Eine innerdeutsche Grenze hatte es schon vorher gegeben. Die DDR wollte den Flüchtlingsstrom stoppen und bezeichnete die Grenze als »antifaschistischen Schutzwall« (Westjargon: »Schandmauer«), die Flucht aus der DDR wurde »ungesetzlicher Grenzübertritt« oder »Republikflucht« genannt. Zwischen der Errichtung der Mauer und ihrem Fall flohen nach heutigen, offiziellen Zahlen immerhin 5075 Menschen von Ost- nach Westberlin, 574 davon waren DDR-Soldaten. Die Mauer trennte innerhalb Berlins also Westberlin von Ostberlin, der Hauptstadt der DDR. Westberlin hatte den Status einer Enklave in der DDR. Die Bundesrepublik Deutschland, also Westdeutschland, betrachtete Berlin als ein Bundesland, was es tatsächlich nicht war.

Die Zonengrenze, bewacht von Grenzpolizei, gab es bereits kurz nach Kriegsende. Noch vor Gründung der DDR im Oktober 1949 existierte ausschließlich für Bauern und Pendler ein »kleiner Grenzverkehr«, im Allgemeinen war für Reisen zwischen den Westzonen und der sowjetisch besetzten Zone ein Interzonenpass nötig. Ab 1952 errichtete die DDR Zäune, Bewachung und Alarmanlagen, es herrschte Schießbefehl im Falle der »Republikflucht«. An der Grenze zwischen der DDR und der BRD gab es eine unbesiedelte, auf DDR-Seite streng bewachte Sperrzone. Bereits damals wollte die DDR Ostberlin abriegeln, doch die Sowjetunion sah darin keinen Sinn. So beschränkte sich die DDR zunächst auf Kontrollen. Am durchlässigsten für Fluchtwillige war also die 45,1 Kilometer lange Sektorengrenze innerhalb des Berliner Stadtgebietes. Dieses Schlupfloch war der DDR-Führung ein Dorn im Auge – bis zum Mauerbau flohen rund 3,5 Millionen DDR-Bürger nach Westdeutschland.

Es gab viele Ostberliner und Bewohner des Umlandes, die offiziell in Westberlin arbeiteten (»Grenzgänger«). Sie waren privilegiert, denn sie bekamen einen Teil ihres Lohnes in D-Mark ausbezahlt und konnten Waren aus der Bundesrepublik kaufen, sogar Autos. Das unterschied sie von ihren Mitbürgern und war aus Sicht der DDR ein beständiges Ärgernis, denn offiziell gibt es im Sozialismus keine Privilegierten, schon gar keine wirtschaftlich Bessergestellten.

Schließlich einigten sich der sowjetische Staatspräsident Nikita Chruschtschow und der DDR-Staatsratsvorsitzende Walter Ulbricht auf den Mauerbau. Bauarbeiter errichteten im August 1961 die Mauer, Volkspolizisten und die Nationale Volksarmee überwachten den Fortschritt. Ab der Nacht vom 12. auf den 13. August 1961 war Ostberlin isoliert vom Westen, es gab keine überirdischen Verkehrsverbindungen mehr, sowjetische Truppen standen kampfbereit. Die westlichen Alliierten griffen nicht ein, weil offiziell ihr Zugang nach Westberlin nicht beeinträchtigt war. Bundeskanzler Konrad Adenauer ließ sich neun Tage Zeit, aus der Bundeshauptstadt Bonn ins ferne Berlin zu reisen. Einzig Berlins Regierender Bürgermeister Willy Brandt wehrte sich ebenso vehement wie erfolglos. Offiziell ist der 13. August 1961 der »Tag des Mauerbaus«. Natürlich dauerte der Mauerbau länger, doch an diesem Tag wurden die Sektorengrenzen endgültig abgeriegelt.

Die Mauer bedrohte Berlin substanziell. Zunächst konnten ab dem Tag ihrer Fertigstellung all die Ostberliner, die im Westteil arbeiteten, nicht mehr an ihren gewohnten Arbeitsplatz. Das hatte von einem Tag auf den anderen einen eklatanten Fachkräftemangel zur Folge. Es gab nicht wenige Westberliner Betriebe, die deshalb aufgeben mussten. Westberlin war aber auch massiv bedroht, weil die DDR jederzeit die Zufahrtsrouten hätte schließen und somit die Stadt von der (westlichen) Außenwelt hätte abriegeln können. Diese Bedrohung endete erst 1971 durch die Ratifizierung des Viermächteabkommens über Berlin.

Die Westberliner hatten durchaus die Möglichkeiten, aus der Stadt hinaus ins Grüne zu fahren. Innerhalb ihres ummauerten Territoriums lagen große Wälder (Tegeler sowie Spandauer Forst und Grunewald) und Seen (Wannsee und Tegeler See), sie hatten sogar zwei Dörfer (Lübars und Gatow). Innerhalb der Stadt gab es auch viel Grün (Tiergarten, Hasenheide). Wer allerdings den unverbauten Blick genießen und in die Weite blicken wollte, der musste das Westberliner Gebiet verlassen.

Erreichbar war Westberlin von der Bundesrepublik Deutschland aus nur über Transitstrecken. Westdeutsche erreichten Westberlin über die beiden Grenzübergänge Dreilinden und Staaken. Die Transitstrecken führten logischerweise über DDR-Staatsgebiet, und die beteiligten Staaten BRD und DDR hatten höchst unterschiedliche Auffassungen über den rechtlichen Status des Gebietes, über das die Autobahnen führten. Auch hier brachte erst das Viermächteabkommen über Berlin im Jahre 1971 endgültige Klärung.

Wer auf der Transitstrecke unterwegs war, durfte diese nicht verlassen, nur Kurzstopps an Raststätten oder Tankstellen waren zulässig. Der Umgang mit DDR-Bürgern war verboten, fotografieren

Keine Leitplanken, ausgebesserte Betonplatten, eine Strapaze für Fahrwerk und Passagiere. Auf den Transitautobahnen galt Tempo 100. Mehr wäre auch nicht angebracht gewesen, aus Rücksicht auf das Auto und dessen Insassen. Ziemlich verloren steuert ein BMW 1800 Westberlin an, zeitgemäß auf sportlich gemacht mit schwarzen Zierstreifen und ebensolchem Abschlussblech.

durfte man auch nicht. Auf den Transitstrecken wimmelte es nur so von Zivilfahrzeugen der DDR-Staatssicherheit, teilweise war die Stasi sogar mit Westautos mit BRD-Kennzeichen unterwegs. Findige Reisende erkannten derartige Wagen unter anderem daran, dass der Tüv abgelaufen war. Es gab auch Stasi-Helfer zur Überwachung rund um die Transitstrecken, die Angestellten in den Raststätten oder den Tankwart beispielsweise.

Kamen die Transitreisenden in Westberlin an, so mussten sie ihren Reisepass (Bundesbürger) respektive ihren Behelfsmäßigen Personalausweis (Westberliner) zeigen. Prinzipiell musste jeder Transitreisende ein personenbezogenes Transitvisum zur einmaligen Durchreise vorweisen, ausgegeben an der Grenzübergangsstelle und eingezogen bei der Einreise nach Westberlin. Darauf war auch, wie bei einer Stempeluhr, die Uhrzeit bei Fahrtbeginn und -ende vermerkt. Wer länger als »normal« benötigte, musste dies begründen, zum Beispiel, indem er eine Quittung aus einer Mitropa-Raststätte vorwies.

Die meisten Transitstrecken waren Autobahnen, lediglich diejenige aus Richtung Hamburg war (bis 1982) eine Fernstraße. Tabu waren die Transitstrecken für Geheimnisträger aus dem staatlichen oder politischen Bereich in Westberlin. Wollten sie ihre Heimatstadt verlassen, so mussten sie von Tempelhof oder Tegel aus fliegen. Überhaupt: Dank reicher bundesdeutscher Zuschüsse auf die Tickets war Fliegen kaum teurer als die Fahrt über die Transitstrecke.

Jeder Transitreisende musste an die DDR Abgaben bezahlen (Straßenbenutzungs- und Visumsgebühren). Erst 1972 einigten sich beide deutsche Staaten darauf, dass die Bundesrepublik eine Transitpauschale an die DDR überwies. Schon zuvor engagierte sich Westdeutschland finanziell im DDR-Straßenbau und schoss viele Millionen D-Mark bei, damit die Transitstrecken ordentlich ausgebaut wurden. Auf den Transitstrecken durch DDR-Gebiet galt natürlich DDR-Recht. Das heißt, die Höchstgeschwindigkeit betrug Tempo 100 auf den Autobahnen und Tempo 90 auf der Bundesstraße aus Richtung Hamburg. Temposünder waren eine angenehme Einnahmequelle für die DDR-Volkspolizei, und man achtete gewissenhaft darauf, nicht zu schnell zu sein. Die Strafe war in D-Mark zu entrichten. Aber aufgrund des Zustands der Transitstrecken war man, aus Rücksicht auf den eigenen Wagen und das Wohlbefinden der Passagiere, ohnehin nicht zu schnell. Nötig war ein steter Blick auf den Tacho. Der Tempomat wurde erst viel später erfunden.

Im Bereich der Berliner Mauer existierten 25 Grenzübergangsstellen, 13 davon waren Straßen, die anderen Schienen- und Wasserwege. Dann gab es noch alliierte Kontrollpunkte (Checkpoint Charlie an der Friedrichstraße und Checkpoint Bravo, Dreilinden, im DDR-Jargon »Kontrollpunkt Drewitz«). Sie waren für den innerdeutschen Besuchsverkehr irrelevant und dienten nur Diplomaten und Ausländern. Für die DDR-Grenzer stand jeder Westdeutsche unter dem Generalverdacht, Waren oder gar Menschen zu schmuggeln. Nicht selten wurden Fahrer herausgewinkt, alle Fahrgäste mussten aussteigen und die Grenzer untersuchten das Auto. Ein rollbarer Spiegel offenbarte ihnen, ob am Unterboden ein Flüchtling klebt, Türverkleidungen wurden demontiert, mit einer Sonde stocherten sie im Benzintank herum. Erfahrene Grenzer kannten sogar die typspezifischen Hohlräume der gebräuchlichen Westautos.

Berlin zu verlassen war keine reine Freude. Manch ein Berliner igelte sich ein. Man konnte ein ganzes Leben innerhalb Westberlins verbringen. Wer raus wollte, musste die Transitstreckentortur über sich ergehen lassen, bis er Westdeutschland und somit das demokratische Kernland erreichte. Im Bild ein Berliner Opel Rekord A als Viertürer-Limousine auf einem bundesrepublikanischen Rastplatz.
Ein sonniger Wintertag, der Rekord trägt hintere Winterreifen. Vorne fährt er auf Sommerreifen, aber mit den Vorderrädern muss man ja bloß bremsen und lenken. Wichtig hingegen ist, dass man vorwärts kommt. Diese Reifenbestückung ist fast schon ein Gleichnis auf das automobile Selbstverständnis der 60er-Jahre.

Ein Ford Taunus 17m P2 Deluxe von 1960 aus Ulm, 1961 an der Bernauer Straße in Berlin aufgenommen. Der Mörtel der Berliner Mauer war quasi noch feucht. Die Deutschen konnten die Geschichte von der Mauer nicht glauben. Man musste es gesehen haben, um es zu glauben.

Automobile Alltäglichkeiten Mitte der 60er-Jahre. Der Kadett A sieht ziemlich neu aus, der Käfer mit ovalem Heckfenster sollte dringend einen Karosseriespengler besuchen, und vor dem VW Bulli parken ein Lloyd und ein zweifarbiges Goggo. Typisch für die 50er- und 60er-Jahre sind die kriegsbedingten, behelfsmäßigen Bauten, hier eine Gastwirtschaft.

Da war die Welt noch in Ordnung. Der Kurfürstendamm 1960, vor dem Mauerbau. Prominent im Vordergrund eine Simca Vedette Chambord V8, ein in amerikanischem Stil gehaltener Franzose mit einem hubraumkleinen, aber seidenweich laufenden Achtzylindermotor aus Vorkriegstagen. Dieser Wagen konkurrierte mit Fahrzeugen vom Schlage eines Mercedes 220 oder Opel Kapitän und hatte ihnen eben den V8 und eine gehörige Portion Individualität voraus.

Der Fotograf drehte sich um und hielt seine Kamera in die andere Richtung, gen Halensee. Der Jaguar, der auf dem vorigen Bild im Hintergrund von vorne zu sehen war, passiert eben die Szenerie. Derartige Exoten waren in den 60ern eher in Großstädten zu sehen. Der Jaguar 2,4 litre Mk I wurde seinerzeit von Peter Lindner in Frankfurt/Main importiert.

Ein weißer Ford Taunus 17m P3 am Checkpoint Charlie, der Zonengrenze in Berlin-Friedrichstraße, mit Blickrichtung Ostberlin. Die amerikanischen Besatzer fuhren deutsche Autos. Nach offiziellem Duktus taten sie es, um der deutschen Wirtschaft auf die Beine zu helfen. Tatsächlich finanzierte dies der deutsche Steuerzahler. Denn die BRD musste für die Besatzungskosten aufgrund des verlorenen Krieges finanziell aufkommen. Die Amerikaner fuhren gerne Opel und Ford, denn so verdienten sie doppelt: Die Deutschen zahlten diese Autos, und das Geld floss über Umwege an die Konzernzentralen in Detroit.

Gleicher Ort, andere Zeit, gleiches Auto, andere Farbe: Erneut ein Taunus 17m P3 in Diensten der US-Militärbehörden, nun in glänzendem Oliv lackiert mit weißem, umlaufendem Streifen. Der Geländewagen stammt aus demselben Hause, ein amerikanischer Ford M 151 MUTT, der etwas ungeliebte US-Militärgeländewagen, der ab 1960 den Jeep M38A1 bei der US-Army ablöste.

Kapitel 5:

Ausländer rein: Professioneller Vertrieb und eine automobile Zweiklassengesellschaft

In den 60ern ging es den Deutschen gut. Dennoch ist dies nicht der Fuhrpark des Durchschnittsverdieners. Aber es war möglich, Lancia, Ferrari und BMW vor der Haustüre stehen zu haben, ohne Neider, Vandalen oder Diebe befürchten zu müssen.

Unter den Importwagen herrschte eine automobile Zweiklassengesellschaft vor. Die einen waren privilegiert, die anderen wurden, igittigitt, wegen ihrer Herkunft diskriminiert. Schuld daran war, wie sollte es anders sein, die Politik - genauer: der auf dem Weg befindliche aber lange noch nicht zu Ende geführte Prozess der europäischen Wirtschaftsunion.

Einige europäische Industrienationen, allen voran Westdeutschland, Frankreich, Italien und die Benelux-Staaten, taten sich 1957 in der Europäischen Wirtschaftsgemeinschaft (EWG) zusammen, ab 1961 gab es ansatzweise gleiche Zollsätze, die Zollunion ließ bis 1968 auf sich warten. Andere Staaten, Großbritannien, die Schweiz, Österreich, die skandinavischen Staaten und Portugal gründeten, quasi als Gegengewicht zur EWG, die Europäische Freihandelsassoziation (EFTA), ebenfalls mit dem Ziel der wirtschaftlichen Zusammenarbeit, also einer Freihandelszone. Die EFTA erwies sich während der 60er-Jahre als wirtschaftlich weniger zielführend, sodass Großbritannien und die Skandinavier 1973 von der EFTA zur EWG wechselten. Zum Schluss gehörten der EFTA nur noch die Schweiz, Liechtenstein, Island und Norwegen an, sie verlor drastisch an Bedeutung. 1993 wurde aus der EWG die Europäische Gemeinschaft (EG), später die heutige Europäische Union (EU).

Für den europäischen Automarkt bedeutete diese wirtschaftspolitische Konstellation während der 60er-Jahre, dass in der Bundesrepublik Deutschland vorzüglich Fahrzeuge aus EWG-Staaten angeboten und verkauft wurden, weil sie dank günstiger Zölle konkurrenzfähig waren. Fahrzeuge aus EFTA-Ländern, also vorrangig britische Autos sowie Volvo und Saab, waren verhältnismäßig teuer. In Österreich und der Schweiz hingegen, beide EFTA-Mitglieder, war es genau umgekehrt. Das erklärt, warum dort britische Fahrzeuge weit verbreiteter waren als in Deutschland. Gleichsam war (und ist) die Schweiz wegen ihrer nicht vorhandenen Autoindustrie ein wichtiger und anspruchsvoller Exportmarkt für alle Autokonzerne. General Motors reagierte darauf mit einem Montagewerk in Biel, in welchem neben Vauxhall vor allem Opel-Wagen montiert wurden. Auf in Teilen angelieferte Fahrzeuge (sogenannte CKD-Kits) entfielen geringere Einfuhrabgaben als auf fertig montierte Autos, und die Schweizer betrachteten Opel und Vauxhall als heimische Produkte.

Nach den USA war die Bundesrepublik der größte Automobilproduzent der Welt. Die deutschen Zollsätze für importierte Autos waren die niedrigsten. Ein feines Terrain für Importeure also, aber sie hatten gegen eine kaum zu bewältigende Übermacht zu kämpfen. Mitte der 60er-Jahre waren 11,1 Prozent der Neuzulassungen Ausländer, 1966 stieg die Zahl auf 13,7 Prozent, zum Jahrzehntewechsel betrug die Zahl importierter Autos knapp ein Viertel. Die Importwagen holten während der 60er gewaltig auf. Ein Ausländer war damals weder der Luxus früherer Zeiten noch ein Ausdruck gestiegener Individualität. Im Gegenteil: Zunehmend wurden Importwagen ganz einfach Alternativen zu deutschen Autos. Ihre Preisgestaltung war attraktiv, vor allem französische und italienische Fahrzeuge boten einen anderen Charakter als die deutschen, ihr Servicenetz wurde jährlich enger, das Problem mangelnder Ersatzteilversorgung bestand nicht mehr, selbst der Wiederverkaufswert eines Ausländers war nicht schlecht.

Britische Wagen konnten sich, außer im Nischenbereich der sportlichen Roadster, nicht durchsetzen, Volvo belieferte die Qualitätsfanatiker, US-Cars wurden vornehmlich von Menschen mit dubiosem Leumund gefahren, Hubraum war in Deutschland teuer. Dennoch gab es genügend US-Cars zu sehen. In der amerikanisch besetzten Zone fuhr jeder GI einen Chevy oder Ford. Das Deutsche Handelskontor Ost von Karl-Heinz Stenvers in Gronau versuchte vergeblich, den Trabant, Wartburg oder Moskvitch in der Bundesrepublik anzubieten, lediglich der Škoda als einziges Ostblockauto hatte in den 60er-Jahren einen kleinen, aber treuen Kundenstamm. Es waren Kommunisten, die gerne ein Ostblockauto fuhren - als Demonstration der Ideologie. Ebenfalls Kunden des Škoda waren Flüchtlinge aus Böhmen und Mähren. Sie betrachteten ihn als »ihr« Auto. Japan war ab 1968 nur mit einer Marke in Deutschland vertreten, nämlich Honda - damals ein reiner Kleinwagenhersteller.

In den 60er-Jahren war für nahezu alle ausländischen Automobilhersteller der deutsche Markt wichtig genug, um eine deutsche Vertriebsgesellschaft gegründet zu haben. Lediglich Nischenhersteller und Manufakturen von Supersportwagen setzten auf lokale Importeure. Auto-Becker in Düsseldorf holte Ferrari und Iso Rivolta ins Land, Erich Bitter importierte Intermeccania und Abarth, Steinwinter in Stuttgart versorgte die Deutschen mit Lamborghini. Maserati sowie Rolls-Royce und Bentley bezog man über Auto-König in München, gleichzeitig Deutschlands ältester Alfa-Romeo-Händler.

US-Cars kamen über die deutschen Tochtergesellschaften ins Land. GM-Deutschland saß in Wiesbaden und importierte Chevrolet, Pontiac, Buick, Oldsmobile und Cadillac sowie englische Vauxhall für Angehörige der britischen Rheinarmee (englische Besatzer in Deutschland). Ford in Köln führte US-Ford ein, auch britische Ford für die Besatzer, und 1963 versuchten die Kölner, den englischen Consul Capri 315 zu verkaufen (Werbeslogan: »Für zauberhafte Weekend-Tage«), doch die Qualität war so schlecht, dass Köln den Import rasch stoppte, um einen Imageschaden zu vermeiden. Die Engländer hatten zwar einige deutsche Niederlassungen, vertrauten aber auch auf externe deutsche Importeure. Peter Lindner in Frankfurt importierte Jaguar und Daimler, Brüggemann in Düsseldorf Austin. MG kam via Woodhouse in Köln-Braunsfeld ins Land. Lancia wurde zu Zeiten seiner Selbständigkeit von der Firma Köwer in Köln-Lindenthal importiert, danach natürlich von Fiat Deutschland.

Eine Sonderstellung nimmt Peugeot ein. Als nahezu alle Weltmarken längst einen eigenen Deutschlandvertrieb hatten, setzte Peugeot nach wie vor auf einen privaten Importeur, die Firma Walter Hagen in Krefeld. Hagen übernahm 1951 den Peugeot-Vertrieb für Norddeutschland und Hessen und wurde bald Generalimporteur. In einem Interview mit der Zeit erinnerte sich Hagen-Geschäftsführer Günter Roffhack am 28.09.1979: »Die Franzosen betrachteten damals den Export als Diebstahl am französischen Volksvermögen.«

Bis 1967 fungierte Hagen als Generalimporteur, dann erst wurde Peugeot-Deutschland gegründet. Hagen, damals auch Triumph-Importeur, brachte danach zunächst Autobianchi, dann, Anfang der 70er-Jahre, Polski-Fiat und Seat und ab 1979 Daihatsu nach Deutschland. Citroën und Renault hatten schon früh eine deutsche Niederlassung. Simca war durch den Ankauf der französischen Ford-Filiale in den 50ern zunächst mit Ford-Deutschland liiert, kurzfristig übernahm NSU den Simca-Vertrieb, schließlich gründete Simca die Deutsche Simca in Neu-Isenburg und vertrieb sehr halbherzig auch die US-Produkte von Chrysler, Dodge und Plymouth sowie englische Rootes-Wagen.

Nicht nur in Deutschland verschwanden oder fusionierten etliche Automarken. Der Reigen setzte sich im Ausland fort, auch bei Marken, die für den deutschen Markt Belang hatten. So wurde Panhard 1965 von Citroën übernommen, der letzte Panhard lief 1967 vom Band. Fiat verleibte sich 1967 Autobianchi und 1969 Lancia ein. Der British-Leyland-Konzern ist durch eine Reihe von Fusionen entstanden. Die eine Linie: In den 30er-Jahren vereinnahmte Morris (gegründet von William Richard Morris, dem späteren Lord Nuffield) die beiden Marken Riley und Wolseley, zusammen bildeten sie die Nuffield-Gruppe. Diese fusionierte 1952 mit Austin zur British Motor Corporation (BMC) unter der Leitung Lord Nuffields. Daran schloss sich 1966 Jaguar an, nachdem diese Firma bereits 1960 Daimler übernommen hatte.

Die andere Linie: Der Nutzfahrzeug-Hersteller Leyland hatte sich 1960 durch Erwerb der Firma Standard-Triumph zum Pkw-Produzenten unter dem Namen British Leyland Motor Corporation (BLMC) entwickelt, 1967 stieß Rover hinzu. 1968 fusionierten diese alle zu British Leyland.

In den USA verschwanden ebenfalls einige Marken. Studebaker produzierte Autos bis 1966, und der Markennamen Rambler der American Motors Corporation hatte bis 1969 Bestand. Danach hießen die Wagen AMC und wurden in Deutschland vom Jaguar-Importeur Peter Lindner vertrieben. Der AMC Javelin war sogar berechtigt, das Attribut »made in Germany« zu tragen, wenn auch nur bedingt: 1969 montierte der Osnabrücker Karosseriebauer Karmann im Werk Rheine den Javelin aus importierten Teilen.

Was heute ein unerschwingliches Sammlerstück ist, das fuhr damals auf der Straße herum, war den Gefahren des Alltags ausgesetzt, wurde hier links im Bild auf dem Parkplatz alleine zurück gelassen. Natürlich war ein Ferrari etwas Besonderes, und er zierte nur besondere Menschen. Aber er wurde gebraucht. Der Ferrari konnte aber auch auf dem Gebrauchtwagenplatz landen und in die Hände eines Zuhälters oder Disco-Besitzers gelangen. Dann war's um ihn geschehen.

Der 250 GT Berlinetta 2+2 (KK-R 27, Seite 94) von 1960 wurde durch eine Neuerwerbung ersetzt. KK-R 108 trug der Ferrari 365 GT 2+2, ebenfalls eine Pininfarina-Schöpfung und im Herbst 1967 präsentiert. Eigentümer mag der Firmeninhaber gewesen sein, vor dessen Werkstor er abgelichtet wurde. Man konnte mit Draht offenbar gutes Geld verdienen. Der Maschendrahtzaun ersetzte damals den Holzzaun und war sehr beliebt. Das freute den Drahtfabrikanten und ärgerte den Inhaber des Sägewerkes und den Waldbesitzer. Das ist der Gang der Dinge…

Mit dem Schihaserl in die Schweizer Berge, ein lockerflockiges Weekend mit Hüttenzauber. Wer in Süddeutschland lebt, ist schnell in den Schigebieten. Der eine nimmt seinen Käfer, der andere den Lamborghini P400 Miura – je nachdem, was eben in der Garage parkt.
Dramatischer, brachialer, erschütternder, ja brutaler und leidenschaftlicher kann ein Automobil kaum sein. Der Miura wirkt schon im Stand wie ein hungriges Raubtier, das zum Sprung ansetzt.

Aus ähnlichem Holz geschnitzt, aber nicht auf dem Olymp. Alejandro de Tomaso, gebürtiger Argentinier, baute in Modena seine eigene Autofabrik und verwirklichte seinen Traum. De Tomasos erstes Fahrzeug war der Mangusta von 1966, angetrieben von einem US-V8, 305 PS stark und als Mittelmotor eingebaut. Dadurch gehörte der De Tomaso von vornherein zu den Supersportwagen.

Willkürliches Urlaubsfoto, einem willkürlichen Familienalbum entnommen, an einem willkürlichen Ort in Italien: eine Renault Dauphine, eine Ferienwohnanlage und ganz zufällig ein Maserati 3500 GT Spider, versehen mit werksseitig lieferbarem Hardtop. Damit fuhr man 1965 auf der Straße herum. Einfach so.

Ebenfalls zeitweise im Importprogramm der Deutschen Fiat war dieses Fiat 1500 Siata Coupé mit Michelotti-Karosserie von 1961, am Straßenrand in Frankfurt abgelichtet und mit einigem sportlichen Zubehör aufgemotzt: Nebelscheinwerfer, Talbot-Außenspiegel, spezielle Radkappen aus poliertem Aluminium, die das Fuchs-Design der Porsche-Leichtmetallfelgen imitieren sollten. Der Gipfel der Sportlichkeit war der schwarz-weiß karierte Rallyestreifen auf Motorhaube, Dach und Kofferraumdeckel.

Wir schrauben die Dimensionen wieder herunter und nähern uns dem kleinen Fiat an. Ein Schwarzwälder 600er schickt sich gerade an, die Alpen zu überqueren, und befindet sich auf österreichischem Grund. Dort trifft er seinen Markenbruder. Während der 600er made in Heilbronn ist und NSU/Fiat Jagst heißt, kommt der 500 Giardiniera aus Graz und heißt Steyr-Puch.

Der Fiat 850 war eine reine Importangelegenheit. Er ergänzte den 600er nach oben, sein Motor war im Bürzelheck eingebaut und er bot innen deutlich mehr Platz. Konstruktiv gleich, im Detail verbessert, 37 PS aus 850 cm³, gleicher Radstand wie der 600er, aber längere Karosserieüberhänge. Stabilisatoren vorne und hinten sorgten für eine bessere Straßenlage, aber der Fiat 850 blieb eine berüchtigte Heckschleuder. Bei fahrerisch völlig ambitionslosen Leuten mit geringem Anspruch kam er gut an. Er war kreuzbrav, solange er kreuzbrav gefahren wurde.

Der Nachfolger der 1100er-Serie ist der Fiat 128, ein durchschlagender Erfolg und auf dem Foto rechts von hinten zu sehen. Er war hochmodern konstruiert, der erste Frontantriebs-Fiat mit quer eingebautem Frontmotor und optimaler Raumausnutzung, ganz im Stile der beginnenden 70er-Jahre. Er erschien im Spätsommer 1969 und ließ den allgegenwärtigen VW Käfer plötzlich uralt aussehen.

Fiat-Personenwagen und Krupp-Lastwagen verkaufte der Händler am Berliner Savignyplatz und präsentierte 1961 den brandneuen Fiat 2300 in attraktiver Zweifarblackierung mit Stahlschiebedach, im Hintergrund ein NSU/Fiat Neckar. Ein Lastwagenhändler mitten in der Stadt ist heute undenkbar. Ein Autohändler mitten in der Stadt auch, spätestens in den 70er-Jahren siedelten sich alle Autohäuser auf großen Arealen außerhalb des Zentrums im Industriegebiet an. Derzeit ist, gerade bei Premiumherstellern, ein Trend zurück in die Stadtmitte zu konstatieren, zumindest ein Ausstellungsraum in der City gehört heute wieder zum guten Ton.

Die Giulia von Alfa Romeo, in Deutschland liebevoll Julchen genannt, wurde sehr lange gebaut, von 1962 bis 1978. Sie war in den 60ern ein nahezu einmaliger Wagen. Keine viertürige Limousine ihrer Klasse war sportlicher. Die Berlinas rannten auch - hier gleich im Doppelpack beim Taubensuhl-Bergrennen am 22. August 1965. In der rechten Reihe vorne ein Fiat 1600 S Spider, davor ein Ford Taunus 12m P4 Coupé und ein Glas 1304.

Eine ganzes Jahrzehnt lang begeisterte das Alfa Romeo Giulia GT Coupé sportlich ambitionierte Fahrer. Die Enthusiasten erheben das Designstudio zur Typenbezeichnung: Man sagt »der Bertone«, und jeder weiß, welches Auto gemeint ist. Im Bild wird ein GTA mit ziemlich breiten Kotflügeln für das Flugplatzrennen in Neubiberg bei München anno 1968 präpariert. (Foto: Holl)

Ein roter MG B Roadster mit zugeklapptem, ebenfalls rotem Verdeck an einem Wintertag in den Skigebieten in Vorarlberg, genauer: in Lech. Er ist der einzige Farbklecks in dieser Szenerie. Der MG B kam als Roadster 1962 und war ein recht moderner Wagen. Seinem Hauptkonkurrenten, dem Triumph TR 4, hatte er die selbsttragende Karosserie voraus, für ein bisschen Komfort sorgten Kurbelfenster. Der MG war leichtfüßig und ausreichend motorisiert (1,8 Liter, 95 PS). Zudem sah er gut aus.

Eine US-Zulassung trägt dieser E-Type, aber er ist auf deutschem Boden unterwegs. Es ist ein grünes US-Kennzeichen der hier stationierten Besatzungssoldaten, und der Aufkleber rechts des »USA«-Schriftzuges zeigt den Monat des Folgejahres an, wann der Eigentümer erneut seine Versicherungsprämie zahlen muss.
Dieser E-Type, umgeben von Volkswagen und einem Fiat 124 Sport Coupé vor einer US-Housing-Area, ist ein E-Type 2+2 mit 23 Zentimetern mehr Radstand und somit einer erheblich gestreckten Karosserie. Wer ihn nur von vorne sah, erkannte ihn sofort, denn die Windschutzscheibe war beträchtlich höher. Für den Komfort der hinten Sitzenden erhöhte Jaguar den Dachpavillon um fünf Zentimeter.

In Frankreich war der Heckmotor nach wie vor populär, gerade in der unteren Mittelklasse. 1961 kam der Simca 1000, 1962 als Reaktion der gleich aufgebaute Renault 8, jeweils kleine Viertürer mit Familienqualitäten. Auf vier Einstiege legen die Franzosen großen Wert, schon bei ihren Kleinsten wie dem Renault 4CV. Das Durchkrabbeln auf die hinteren Sitze mögen sie gar nicht. Renault war ein Vorreiter der Vierrad-Scheibenbremsen, und ein Aufkleber auf der Heckscheibe des abgebildeten R8 zeugt davon: »Achtung! 4 Scheibenbremsen«. Eine geschickte Kombination von Werbung und Vorsichtsmaßnahme. Wer einen alten Standard-Käfer mit Seilzugbremsen sein Eigen nannte, sollte nicht zu dicht auffahren. Der Renault hatte sicherlich einen kürzeren Bremsweg.

Die kleinen Franzosen waren einfach chic, vor allem die Coupés und Cabriolets. Sie waren nicht beinhart wie die Briten und nicht rassig wie die Italiener, sondern elegant - ganz so, wie die Damen in Paris. Peugeot beauftragte traditionell Pininfarina mit seinen Karosserieschöpfungen.
Das 204-Cabriolet im Bild ist silberfarben und erhält Gesellschaft von einem mächtigen BMW 501, der wirkt, als käme er aus einer anderen Welt.

Jeder hatte den Peugeot 404 lieb (Produktion 1960 bis 1975). An ihm gab es nichts auszusetzen. Er hatte viel Platz, war geeignet für weniger sportliche Fahrer, und sein Motor war so ziemlich der ruhigste Vierzylinder seiner Zeit. Die Karosserie mit den angedeuteten Heckflossen und der ausgeprägten Trapezlinie, eine Pininfarina-Schöpfung, war zwar zuletzt hoffnungslos veraltet, aber nach wie vor gefällig. Man war dermaßen an den Peugeot 404 gewöhnt, dass er nicht auffiel - auch bei der Hochzeit nicht.

Flaminio Bertoni war ein Künstler, ein Bildhauer, ein Architekt. Das merkt man an jeder seiner automobilen Schöpfungen. Der Bewunderer von Leonardo da Vinci und Michelangelo war ein Multitalent, er schaffte erfolgreich Skulpturen und studierte Architektur. Das sieht man der DS an. Nichts ist zufällig, alles gewollt und gekonnt. Diese DS19, bereits mit dem 62er Facelift versehen, zieht einen britischen Caravan. (Foto: Archiv Altstadt)

Je weniger Eigenproduktion, desto größer die Artenvielfalt. In Österreich waren traditionell Autos aus Böhmen und Mähren gut vertreten. In dieser belebten Wiener Straße, der Ecke Philharmonikerstraße/Walfischgasse, anno 1964 ist zu sehen, wie international das Autoaufkommen war: Škoda 440, Ford Zodiac Mk III, Peugeot 404 Break und zwei Fiat 1500. Und keine Straßenszene ohne VW, natürlich.

Sehr verbreitet in Österreich waren die englischen Ford-Mittelklassemodelle, die Cortinas aller Generationen bis in die 70er-Jahre hinein. Das lag an der EFTA-Zugehörigkeit Österreichs und Großbritanniens. Die österreichische Ford-Vertriebsgesellschaft konnte den Cortina preiswerter anbieten als sein parallel gebautes deutsches Pendant, den Taunus 12m. Der erste Cortina (1961 bis 1966) profitierte natürlich vom internationalen Renommee seines hoch gezüchteten und erfolgreichen Rallyebruders, des von Colin Chapman präparierten Lotus Cortina. Im Bild ein braver Ford Cortina 1500 Deluxe, ein feines Allroundautos. Auf der Straße ein Porsche 356 in seiner definitiven Form, ein 356 B T6 von 1962/63, zu erkennen an den Radkappen.

Hier sehen wir etwas Besonderes, wenngleich mit holländischer Zulassung. Ungewöhnlich mutet die Heckansicht dieses Renault 4 an. Es ist ein R4 Super mit horizontal zweigeteilter Heckklappe und doppelten verchromten Stoßstangen, der top-of-the-line-R4, gebaut von März 1962 bis September 1964. Ihn ersetzte der R4 L Super, auch verhältnismäßig fein ausgestattet, aber aus Kostengründen mit derselben Heckpartie wie alle anderen R4 (einteilige, oben angeschlagene Klappe). Der Käfer rechts wurde modifiziert. Das ovale Heckfenster identifiziert ihn als Modell 1953 bis 1957, die Rücklichter sind von einem weit moderneren Käfer nach 1960. Sehr nett die Piz-Buin-Werbung am Fremdenverkehrsamt.

Das internationale Fahrzeugspektrum, das Österreichs Verkehr bunt machte, definiert auch Schweizer Straßenszenen. Und doch ist es anders. Die Schweizer beispielsweise mögen amerikanische Wagen besonders. Sie sind den Franzosen näher als die Österreicher und kaufen somit eher deren Wagen. Dieses Bild, 1964 in Lausanne aufgenommen, ist ziemlich französisch dominiert, zeigt uns aber auch gleich im Doppelpack einen Briten, den Ford Consul 315, auch Consul Classic genannt.

Prägend für die Schweiz, besonders für die alpine Schweiz, waren die reich verglasten Alpenpostomnibusse der PTT (Post, Telephon, Telegraphie) in der charakteristischen Lackierung Sonnengelb mit silberfarbenem Dach (später mit cremeweißem Dach). Ausnahmsweise sind die abgebildeten Busse keine Saurer, sondern FBW Alpenwagen mit Panoramascheiben, allesamt 1964 in Dienst gestellt.

Kapitel 6:

Plastik statt Blech: Ein glasseidenes Gewerbe

Ein neuer Werkstoff, ein neues Hobby, ein neues Auto. Plastik war angesagt, Plastik im Karosseriebau. Die Invasion der Buggys und Bugatti-Repliken auf Käfer-Fahrgestell sollte zwar erst in den 70ern erfolgen, doch es ging schon in den 50ern los - 1953 mit der Chevrolet Corvette, dem ersten Serienautomobil mit Kunststoffkarosserie. Die Chemie machte rasante Fortschritte, thermoplastische und duroplastische Kunststoffe wurden allgemein verfügbar, das Ganze mit Glasfasern verstärkt. Auch die deutschen Chemiekonzerne BASF, Bayer und Höchst experimentierten damit erfolgreich. 1964 erschien der Porsche 904 Carrera GTS mit einer von der BASF entwickelten Kunststoffkarosserie (»Palatal-Porsche«), beim Flugzeugbauer Heinkel wurde sie hergestellt. Er sah betörend aus. Er inspirierte Profis und Amateure gleichermaßen. Sein meist verkauftes Ersatzteil war die charakteristische, gebogene Windschutzscheibe, um die herum jeder Kunststoffbastler sich seinen eigenen

So hätte der Bayer K 67 aussehen können, wäre er in Serie gegangen: Gugelots Design trägt im Profil charmant-italienische Züge, wobei die Panorama-Heckscheibe nicht mehr auf der Höhe der Zeit war.

Traumwagen modellierte. Aus manchen Versuchen entwuchs reine Frustration, aus anderen eine veritable Kleinserie. Zu den Protagonisten der Porsche-904-Imitierer gehört Rudolf Thurner.

Thurner war ein engagierter Motorsportler. Seine erste Kreation war ein Eigenbau auf BMW 700-Basis. Mit einem getunten Glas 1700-Motor im Heck gewann er so manches Bergrennen und versetzte mit Tempo 200 große Limousinen auf der Autobahn in Angst und Schrecken. Sich selbst aber auch: Im Dezember 1966 setzte Thurner seinen silberfarben lackierten Flitzer in Zorneding an einen Baum. Aus war's. Rekonvaleszenz war angesagt, und dem aktiven Motorsport musste Thurner aus gesundheitlichen Gründen entsagen. Dann erwarb er einen verunfallten NSU TT, einen sportlichen Kleinwagen mit 1200-ccm-Heckmotor. In der angemieteten Riemer Schmiede entstand auf der Bodengruppe und mit der Technik des NSU der erste Thurner RS, ein nur 1,10 Meter flaches, ultrasportlichen Gerät mit Flügeltüren und Mittelmotor.

Sein großes Vorbild war der Porsche 904. Thurner besorgte zentnerweise Gips und modellierte eine wilde Karosserieform. Der erste Prototyp, bereits mit Flügeltüren, ließ sich fast komplett strippen: Front- und Heckpartie waren am jeweiligen Fahrzeugende angeschlagen und konnten um fast 90 Grad aufgeklappt werden. Riesige Lufteinlässe in den Flanken besorgten Kühlluft für die getunte NSU-Maschine. Von vorne glich der Prototyp durchaus dem Porsche 904. Und die Windschutzscheibe war original Porsche. Die Gipskarosserie diente als Grundlage für die Negativform. Die 13 Karosserieteile wurden aus glasfaserverstärktem Kunststoff gefertigt, mit einem filigranen Gitterrohrrahmen verstärkt und als Ganzes auf den NSU-Rahmen geklebt.

Im Herbst 1968 war das erste fahrbereite Auto fertig. Der TÜV, damals weit großzügiger und weniger an Vorschriften gebunden als heute, hatte nichts gegen die rot lackierte Flunder einzuwenden. Thurner bekam den Segen der Verwaltung und ließ den ersten RS in München zu, Kennzeichen M-AV 503.

So ganz allein konnte Rudolf Thurner sein »Kind« nicht zur Welt bringen. Geburtshelfer war Dieter Kohlmus. Er hatte die Formen des Gipsprototyps abgenommen. Es kam zum Streit zwischen Thurner und Kohlmus, der vor Gericht salomonisch beendet wurde: Kohlmus durfte aus den Formen seinen eigenen Wagen bauen, musste aber das Heck ändern. Thurner hingegen schuf eine neue Frontpartie. Deswegen hatte der Serien-Thurner im Gegensatz zum Erstlingswerk keine Einzelscheinwerfer unter Plexiglas-Abdeckung, sondern Doppelscheinwerfer ohne Abdeckung vom NSU TT.

Nach Verhandlungen mit NSU bekam Thurner die Bodengruppen des NSU 1200 C inklusive Motor und Getriebe geliefert. Er sollte die Kleinserie in Eigenregie erledigen, NSU nahm den Thurner in das offizielle Verkaufsprogramm auf und sorgte für Werbung und Wartung. Das eröffnete neue Perspektiven für Rudolf Thurner: Nun war daran zu denken, mit dem Wagen ein breites Publikum zu erreichen und einen Service auf Großserienniveau anbieten zu können. Für diesen Auftrag kaufte Thurner im Allgäu eine alte Spinnerei. Den Vorbesitzer übernahm Thurner gleich mit: Er wurde sein Kompagnon, Vertriebschef und Freund. Die beiden legten ab Sommer 1969 eine kleine Serie auf.

Zwei Protagonisten auf einen Streich, beide legendär, beide bahnbrechend, beide mit Kunststoffkarosserie: links der Porsche 904 Carrera GTS von 1964, dessen Palatal-Kunststoffkarosserie bei BASF entwickelt und bei Heinkel gebaut wurde, rechts das Chevrolet Corvette Stingray Coupé, die zweite Corvette-Generation. Das Foto zeigt das Starterfeld eines Sportwagen-Straßenrennens in Ungarn im Jahre 1968.

Das Ende des Thurner RS hat mehrere Gründe: Zum einen wurden zunehmend sportliche Großserienautos gebaut und waren wesentlich billiger als die Allgäuer Flunder. Thurner musste für die angelieferten, »halben« NSU 1200C nämlich schon 7500 Mark bezahlen. Die Ölkrise im Jahre 1973 tat ein Übriges. Der Preis für Kunstharz ging sprunghaft in die Höhe – ein Grundstoff für den Thurner RS, der betriebswirtschaftlich hohes Gewicht hatte. Außerdem verstarb Thurners Kompagnon und Vertriebschef bei einem Autounfall, und der Konstrukteur stand ohne Kaufmann da. All das führte dazu, dass Rudolf Thurner 1974 ein Liquidationsverfahren einleiten lassen musste.

Während Thurner seinen RS nur als fertiges Auto verkaufte, offerierte Dieter Kohlmus seinen Scirocco hauptsächlich als Bausatz. Die Firma Kohlmus-Kunststofftechnik war auf Verkleidungen von Rennmotorrädern und Rümpfe für Motor- und Segelyachten aus Polyesterharz spezialisiert. Mit seinem Automobil-Debüt setzte Kohlmus auf die in der zweiten Hälfte der 60er-Jahre vorherrschende Bausatz-Welle. Sie hatte ihre Wurzeln in den USA und in Großbritannien. Im Do-it-yourself-Verfahren konnten dort Sportwagen, meist auf Volkswagen-Chassis, erworben werden. Die avisierte Käufergruppe setzte sich mehrheitlich aus jungen Leuten und vor allem wohlhabenden Studenten zusammen, die zumindest äußerlich mit ihrem Wagen gegen das Establishment der bürgerlichen Mittelmäßigkeit und den vermeintlichen Luxus des Kapitalismus' protestieren wollten. Die Bausatz-Fahrzeuge versprachen Individualität und maximalen Lustgewinn bei verhältnismäßig geringer praktischer Handhabe. Denn die sportlichen Flitzer waren meist nicht regendicht, hatten keinen Stauraum, waren eng und laut, die Karosserie war schwierig zu reparieren, und die Autos hielten nicht sonderlich lange – aber sie waren selten.

Kohlmus pries seinen Scirocco mit den Worten an: »In wenigen Stunden bauen Sie Ihr individuelles Auto zusammen!« Aber die versprochenen »wenigen Stunden Montagezeit« waren beim Scirocco wie bei nahezu allen Bausatzautos mehr werbewirksam als realitätsnah. Denn weder Passgenauigkeit noch Stabilität und Verarbeitungsqualität von Bausätzen konnten mit Großserienprodukten konkurrieren. Und so einfach war es dann eben auch nicht, eine von Gussgraten unversäuberte Glasfiberkarosserie auf ein gebrauchtes Chassis zu setzen.

Kohlmus war sich der Schwierigkeiten bewusst, vor denen ein handwerklich durchschnittlich begabter Mensch steht, wenn all die Komponenten des Scirocco vor ihm in der heimischen Garage lagen. »Der Aufbau der Scirocco-Kunststoffkarosserie ist keine leichte Sache. Er sollte nur von Personen vorgenommen werden, welche Erfahrungen auf dem Kfz-Sektor haben«, schrieb Kohlmus warnend in der Bauanleitung. Ganz ohne Änderungen an der Bodengruppe ließ sich der Scirocco-Aufbau nämlich nicht auf die Prinz-Basis kleben: Längs- und Querholme mussten zur Versteifung eingeschweißt und der Batteriekasten entfernt werden. Auch Radkastenverstärkungen und Sitzbefestigungsholme verlangten Schweißkenntnisse des Bastlers. Denn schließlich waren die kleinen NSU-Limousinen selbst tragend konstruiert und nicht, wie der Volkswagen Käfer, mit einem separaten Fahrgestell. Deswegen basierten fast alle Kits auf dem Volkswagen.

Der Industrie-Designer Luigi Colani bot zu Beginn der 70er-Jahre ebenfalls

Der Kohlmus Scirocco durfte die eindrucksvolle Front des gemeinsam von Rudolf Thurner und Dieter Kohlmus entwickelten Prototyps behalten. Er war weit weniger erfolgreich als der Thurner und wurde hauptsächlich als Bausatz angeboten. Kohlmus verhandelte sogar mit Neckermann darüber, dass der Kohlmus-Kit via Katalog bestellt hätte werden können. Das führte zu keinem Abschluss, aber in den 60er-Jahren konnte man durchaus motorisierte Fahrzeuge vom Versandhaus bestellen, zum Beispiel Jawa-Motorräder aus der ČSSR oder den putzigen Fiat 500 Spider mit Vignale-Karosserie.

Bausatz-Sportwagen, aber auf Volkswagen-Basis, an. Er kritisierte in einem Interview mit der ***Deutschen Auto-Zeitung*** Bausätze, bei denen der Kunde das Fahrgestell durch Schweißen eigenständig verstärken muss: »Wenn ein Karosserieverkäufer beim Zusammenbau Schweißarbeit vom Kunden verlangt, ist das einfach kriminell. Denn das gehört zum Arbeitsbereich des Herstellers. Einem Käufer aufzubürden, die mit Toleranzenveränderungen zusammenhängenden Schweißnähte zu ziehen, ist ebenfalls unseriös. Aber diejenigen, die gar noch Schweißungen am (...) Chassis verlangen, sollte man gleich erwürgen, denn damit geht man an das Rückgrat des Autos.«

Doch schon weit früher gab es Kunststoffautos in Deutschland. So stellte die Münchner Firma Form in Plastic 1963 ein bildhübsches Cabriolet namens Comtesse auf technischer Basis des NSU Sport-Prinz mit Kunststoff-Karosserie vor. Entwickelt wurde der Wagen in München, produziert im Rheinland: Die Einzelteile der Karosserie lieferte die Firma Peter Bauer in Köln, die Endmontage erledigte das ebenfalls in Köln beheimatete Karosseriewerk Karl Deutsch. Eine ansehnliche Serie war geplant, gebaut wurde aber nur gut eine Handvoll Comtessen.

Völlig neu an der Comtesse-Konstruktion waren die aus Kunststoff gefertigten Stoßstangen. Sie waren sogar verchromt, wobei galvanische Beschichtung von Plastik ein noch komplizierteres Verfahren bedingt als ohnehin schon aufwändiges Verchromen von Metall. Die Firma Form in Plastic hatte große Pläne mit ihrer Comtesse. 500 Stück in Serie waren geplant zu einem Stückpreis von 7950 Mark Aber nur rund ein Dutzend wurden gebaut. Mitte 1963 war die Comtesse wieder vom Markt verschwunden, und mit ihr die Firma Form in Plastic.

Dasselbe Thema, eine andere Story: Max Hofer bekam hunderte von Zuschriften auf seine einschlägigen Anzeigen in der Zeitschrift ***Auto Motor und Sport***. Aber er hatte kein Auto zu bieten. Der Corrida, ein wunderhübsches Sportcabrio auf Basis des Volkswagen 1600, blieb ein Einzelstück. Auf die Anfragen musste er reagieren, also ließ er flugs Prospekte drucken und gegen eine Schutzgebühr von zehn Mark verschicken. Daran hat er verdient. Aber nur daran. Hofer betrieb parallel zum Maschinenbau-Studium eine kleine Autowerkstatt in München-Schwabing und verdiente Anfang der 60er Jahre Geld damit, VW Käfer von Winkern auf Blinker und von ovalen auf große Heckscheiben umzurüsten. Mit 22 Jahren kam dem Studenten die Idee, selbst ein Auto zu bauen. Ausgangsbasis war ein Volkswagen 1600 Variant mit Unfallschaden. Hofer entfernte die Karosserie und verstärkte das Chassis mit Stahlrohren, damit eine nicht tragende Cabrio-Karosserie aufgesetzt werden konnte, ohne dass das Gerüst an Steifigkeit verlor.

Aus Gips, verstärkt mit Kaninchengitterdraht, modellierte Hofer eine Karosserie und setzte den Gipsblock auf das Chassis. Man konnte damit fahren, aber durfte nirgends anecken. Zu dieser Zeit lobte die Illustrierte ***Stern*** einen Karosseriewettbewerb aus. Hofer war interessiert und bewarb sich. Über die Gipskarosserie zog er eine Glaspolyesterschicht und zerstörte danach den Gips-Unterbau. Fertig war die Karosserie. Der Wagen, Corrida genannt, wurde silbergraumetallic lackiert und hatte schwarze Sitze sowie Weißwandreifen. Die Zurüstteile besorgte er sich von verschiedenen Wagen, sodass sein Corrida nicht sofort als VW 1600-Mutant zu identifizieren war. Die Heckleuchten beispielsweise stammten vom Ford Taunus 17m P3, die Windschutzscheibe vom Karmann-Ghia Typ 34 (wo sie als Heckscheibe diente), der Fensterhebemechanismus vom BMW 700.

Nicht nur Max Hofer war von seinem Wagen beeindruckt, auch die Preisrichter vom Stern. Der Corrida wurde hoch dekoriert. Aber es kam keine Serienproduktion zustande. Hofer fuhr seinen Wagen selbst, rund acht Jahre lang. Dann kaufte ihm ein Freund den Corrida ab und wollte das Einzelstück gründlich renovieren. Der in seine Einzelteile zerlegte Corrida wurde aus der Scheune heraus gestohlen. Seither ist er verschollen. Danach allerdings erst kam der Corrida so richtig an die Öffentlichkeit. Im Jahreskatalog *Auto-Modelle* von 1971/72 war ein Foto vom Corrida veröffentlicht. Als der Katalog im Herbst 1971 erschien, war das Thema Corrida für Hofer längst tot.

Nicht nur ambitionierte Privatleute und kunststoffverarbeitende Betriebe experimentierten mit Kunststoffkarosserien, auch die Chemiekonzerne taten es. Sie wollten die Vielseitigkeit des »neuen Werkstoffes« propagieren und seine Wirtschaftlichkeit demonstrieren. So entstand der Bayer-Experimentalwagen K 67 ab 1964, 1,5 Millionen Mark investierte Bayer in das Unikat mit BMW-2000-Technik. Es war eine Gemeinschaftsproduktion mehrerer Firmen. Das Design besorgte der Neu-Ulmer Industriedesigner Hans Gugelot, Dozent der legendären Ulmer *Hochschule für Gestaltung*, von dem auch die ganze Idee ausging. Bayer trug sein Wissen in Sachen Kunststofftechnik bei und schlug eine aus Polyurethan bestehende, zweiteilige Karosserie vor (Sandwich-Bauweise).

Das Unerhörte am Bayer K 67 ist, dass er über eine selbst tragende Kunstsoff-Bodengruppe aus glasfaserverstärktem *Lekutherm* verfügt. Entstanden ist die Plastikkarosserie bei der Waggon- und Maschinenbau AG in Donauwörth (WMD). Die Technik steuerte BMW bei. Zunächst gab es für Fahrversuche eine unverkleidete Bodengruppe mit den Technikkomponenten (120-PS-Motor vom BMW 2000 ti), dann folgte ein Prototyp mit Karosserie. Die Versuche übernahm BMW mit der ganzen Professionalität des Autokonzerns, und nach allseitiger Zufriedenheit wurde der Bayer K 67 in seiner karosserielosen Version auf der Industriemesse 1967 in Hannover präsentiert, das komplette Auto etwas später im gleichen Jahr auf der Kunststoffmesse in Düsseldorf. Die Fachpresse feierte den Wagen enthusiastisch, er wurde beinahe bis zur Serienreife entwickelt. Allein das Wörtchen »beinahe« sagt viel aus, und es blieb bei den Prototypen. Ein Schnittmodell steht im Deutschen Museum, und den einzigen fahrbaren Prototyp, der nicht bei Crashversuchen geschrottet wurde, hütet Bayer noch heute.

Ein pures Einzelstück ohne Absicht auf Serienfertigung. Wirklich? Insgeheim träumte jeder selbst ernannte Autodesigner vom großen Wurf. Diesen Spider mit stilistischen Anklängen an den kleinen Abarth 700 S schuf Heinz Fischer aus Leonberg. Es kostete ihn drei Jahre Arbeit.

Ein Einzelstück, aber mit einer erzählenswerten Geschichte, blieb der Corrida des Münchners Max Hofer, der durch einen zehn Jahre zu spät erschienenen redaktionellen Beitrag im Auto-Katalog erst 1971 populär wurde. Das real existierende Auto existierte zu diesem Zeitpunkt gar nicht mehr real, sondern war verschollen. Aber Max Hofer ließ fleißig Prospekte drucken und verdiente wenigstens an ihnen ein wenig Geld.

Aller Anfang ist einfach: Das Chassis eines nicht selbst tragend konstruierten Wagens dient als Rückgrat. Hier steckt, wie gut zu sehen ist, schon einiges an Arbeit drin: Chassis, Motor und Achsen sind komplett revidiert, alles blinkt und glänzt. Die Ventildeckel sind schön Rot lackiert. »Testa Rossa« hatte sich unser Tüftler wohl gedacht, wörtlich übersetzt »roter Kopf«. Fast ein Ferrari also. Aber wirklich nur fast.

Hier geht's zur Sache. Zentnerweise hatte er Gipssäcke herbeigeschleppt und eine Karosserie modelliert. Zwei sauber gesetzte Flankensicken sind zu sehen, auch schon Ausschnitte für die Scheinwerfer und den Kühlergrill und bei genauem Hinblicken sogar das absolute Muss, eine Hutze auf der Motorhaube. Aber genau diese, und die Türen, sind noch nicht mal angedeutet. Monatelange Arbeit kann in sich zusammenbrechen, sobald die Türen ausgeschnitten werden. Und sowieso war diese Gipskarosserie dem Tode geweiht. Sie diente nur als Negativform für die Kunststoffhaut und wird zu guter Letzt zerschlagen. Sofern der ambitionierte Autobauer überhaupt dieses Stadium erreicht.

Jetzt sieht das Ganze bereits wie ein Auto aus. Die Radhäuser sind ausgeschnitten, Mercedes-Scheinwerfer eingesetzt, der Kühlergrill ist in Form. Noch immer sind keine Türausschnitte zu sehen. Wir werden es nicht erfahren, ob dieses Einzelstück jemals fertig wurde. Denn mehr als die drei Fotos aus dem Jahre 1967 sind nicht vorhanden.

Kurz vor fertig: Bayer K 67 in teilkarossiertem Zustand, im Mai 1967. Wenn man sich eine Motorhaube dazu denkt, wäre der Wagen in diesem Zustand ein toller Roadster geworden. So wurde der Wagen auf der Industriemesse in Hannover präsentiert.

One and a half car: Ein komplett karossierter Bayer K 67 mit der Sportwagenkarosserie des Designers Hans Gugelot neben einem Schnittmodell, das den Aufbau der Polyurethan-Hartschaum-Sandwich-Bauweise demonstriert.

Kapitel 7:

Von der Wiege bis zur Bahre

Das ist das »normale« Ende wirtschaftlich verbrauchter Automobile: Den offiziellen Weg schlägt ein, wer sein Auto zum Schrottplatz bringt. In den 60er-Jahren gab es dafür Geld, Rohstoffe waren etwas wert, Ersatzteile auch. Die Aufnahme von der Münchner Autoverwertung Schindelar stammt vom Sommer 1967 und zeigt hauptsächlich 50er-Jahre-Autos.

Das Auto war des Deutschen liebstes Kind, war Statussymbol und emotionaler Ausdruck zugleich. Es war ein Familienmitglied, das nur zufällig in der Garage wohnte. Von allen materiellen Gütern hatte der Deutsche am meisten sein Auto lieb, dann seinen Hund. Hunde galten damals per definitionem als Ware. Heute nicht mehr. Aus dem Familienauto wurde in den 60er-Jahren die Autofamilie, die ihre sonntäglichen Ausflüge und das samstägliche Autoschaumbad zelebrierte.

Was produziert wurde, wurde auch verkauft. Mitte der 60er-Jahre gab es eine Konjunkturdelle, und die wohlstandsverwöhnten Deutschen waren geschockt, weil sie nie damit gerechnet hätten, dass ihr Paradies je einen Makel hätte bekommen können. Sie waren an Wachstum, Vollbeschäftigung und einen sehr hohen Lebensstandard gewöhnt gewesen, mussten sogar »Gastarbeiter« ins Land rufen, um die ganze Arbeit bewältigen zu können. Doch die Krise an der Ruhr (erste Zechenschließungen) sowie Lohnkürzungen und Entlassungen erschütterten Deutschland und sorgten für den Sturz von Bundeskanzler Ludwig Erhard. 1966/67 standen erstmals seit Kriegsende Neuwagen auf Halde. Die Große Koalition sorgte durch neue wirtschaftspolitische Konzepte für eine rasche Konjunkturerholung.

Generell ließen sich Autos, die halbwegs gut konstruiert waren und ein vernünftiges Marketing hatten, auch verkaufen. Gegen Ende des Jahrzehnts reagierten die Konzerne mit ersten Sondermodellen. Die Autohäuser wurden immer prächtiger und professioneller, die angeschlossenen Werkstätten waren teilweise derart überlastet, dass die Kunden ihre Wartung an Tankstellen durchführen ließen, weil sie keinen Werkstatt-Termin bekamen. Der Gebrauchtwagenmarkt boomte. Schwer verkäuflich war nahezu nichts, was vier Räder hatte – allenfalls das, was mit zwei Takten arbeitete. Jede Branche, die mit dem Automobil zu tun hatte, befand sich auf höchstem Niveau und strebte weiter nach oben. Der Kladderadatsch kam 1973/74 mit der ersten Erdölkrise, und die Erholung dauerte rund 15 Jahre – sowohl bei der Industrie als auch in der automobilen Gesellschaft.

Es wurden immer mehr, rein zahlenmäßig. In der Bundesrepublik und Westberlin wurden 1.211.895 Autos anno 1960 neu zugelassen, den Besitzer gewechselt haben sogar 1.493.112. Gelöscht, also endgültig aus dem Verkehr gezogen, hat man in diesem Jahr aber nur 450.482 Autos, und die müssen noch lange nicht alle verschrottet worden sein. Nur schätzen kann man die Zahl der Exporte, es mögen 1960 laut ***Motor-Revue*** rund 40.000 gewesen sein. 1969 überstieg die Zahl der Neuzulassungen die Zweimillionenmarke (2.063.649) und die Besitzumschreibungen sogar die Dreimillionenmarke (3.935.044). Endgültig gelöscht wurden im Jahre 1969 rund eine Million Autos, durchschnittlich waren sie zehn Jahre alt (interessant: Kombis, die damals reine Arbeitstiere waren, brachten es nur auf 8,6 Jahre Durchschnittsalter). Der Bestand ging rapide nach oben. 1960 waren in der Bundesrepublik und Westberlin 7.193.349 Kraftfahrzeuge zugelassen, nur zehn Jahre später waren es 15.342.740. (Zum Vergleich: Am Jahresbeginn 2025 sind es 61.097.943 zugelassene Kraftfahrzeuge, allerdings innerhalb anderer Staatsgrenzen, die ex-DDR zählt natürlich dazu.

Die Begriffe der »deutschen Wertarbeit« waren in den 60ern bereits pure Romantik – auch wenn wir heute alles aus der Zeit, als es noch »Made in Western Germany« hieß, höherwertiger betrachten als aktuelle Produkte. Das 60er-Jahre-Auto war ein Gebrauchsgegenstand. Und ein Gebrauchsgegenstand ist eben auch ein Verbrauchsgegenstand. Je mehr das Auto zum Massenprodukt wurde, desto mehr wurde es ersetzt statt repariert. Deshalb waren die 60er-Jahre auch das Jahrzehnt, als die »Schnauferl-Bewegung« in Fahrt kam, als die ersten Visionäre begannen, alte Autos aufzuheben und zu sammeln. In den Vereinigten Staaten von Amerika war die Mentalität der Käufer schon einen Schritt weiter. Dort war das Auto nicht mal mehr ein hochwertiger Gebrauchsgegenstand, sondern ein reiner Konsumartikel. Dort war der Wertverfall viel eklatanter als in Europa. Ein einjähriger Gebrauchtwagen war nur noch die Hälfte des Neupreises wert, ein zweijähriger rund ein Drittel.

In Deutschland wurde auf Schrottplätzen natürlich auch gepresst, aus dem Schrottpaket wurde im Hochofen neuer Stahl. Aber nicht umsonst nannte man damals Schrottplätze auch mit leicht elegischem Unterton Autofriedhöfe. Dort wurde geschraubt, gehortet, ausgeschlachtet, mit Ersatzteilen gehandelt, und der Platzinhaber hatte stets eine Halle, in der er so manchen Wagen einfach mal aufgehoben hat, weil er ihn aus sentimentalen Gründen nicht pressen konnte. Heute sind Schrottplätze einfach nur Schrottplätze, keine Autofriedhöfe mehr. Dafür wird umweltgerecht recycelt.

Das komplette Jahrzehnt hindurch war Umweltschutz kein Thema. Das galt auch für die Entsorgung von Altwagen. Sie wurden fachgerecht entsorgt, weil sie in irgendeiner Form wieder verwertet wurden – als Ersatzteilspender oder um zu neuem Stahl gegossen zu werden. Sie wurden nicht entsorgt, um die Umwelt vor ihnen zu schützen. Altöl, das in den Boden sickerte, interessierte niemanden. Darum wurde so mancher alte Wagen auch überhaupt nicht entsorgt, im eigentlichen Sinne. Man hat sich seiner nur entledigt. Diese Entledigung konnte mehrere Formen haben. Wer ein eigenes Grundstück besaß und über genügend Platz verfügte, ließ seinen alten Wagen dort einfach stehen. Privateigentum war heilig, und es hatte niemanden, nahezu auch nicht den Gesetzgeber, zu interessieren, was man dort machte.

Wer keinen Platz zum Abstellen hatte, parkte seinen Altwagen einfach ein letztes Mal auf einem Grundstück, für das sich niemand interessierte. In den 60ern gab es noch genügend brach liegende Flächen, Trümmergrundstücke, aufgegebene Areale, ehemalige Kasernen – sie wurde gerne von halbseidenen Geschäftsleuten genutzt, die dort Autos reparierten, ausschlachteten oder Gebrauchtwagen feilboten. Ein Schrottauto mehr oder weniger spielte da keine Rolle. So wenig wie im Hinterhof der Tankstellen und Autohäuser. Erst in den 70er-Jahren wurde ganz Deutschland urbanisiert, die letzten Rechtsstreitigkeiten über Trümmergrundstücke waren entschieden, der Wohnungsbau beanspruchte jeden freien Fleck, das Umweltbewusstsein stieg, die Strafen für Umweltsünder auch. Private oder halblegale Schrottplätze gehörten der Vergangenheit an, die letzten Abenteuerspielplätze der 60er-Jahre-Buben, Bernd, Thomas, Michael und Stefan, auch.

Ein Nebeneinander von Plakat und Realität zeigt dieses Foto, im Hinterhof eines ländlichen Opel-Händlers aufgenommen. Der Rekord A, gegenüber dem P II rundum gewachsen, läutete bei Opel die Tendenz ein, dass Autos von Typreihe zu Typreihe immer mehr wuchsen. Das wollten die Käufer so.
(Foto: Archiv Braun)

Das Manko des Autohauses aus der Sicht des Kunden ist die mangelnde Vergleichbarkeit der angebotenen Produkte. Der Kaufwütige musste von Händler zu Händler pilgern zum Prospekte Sammeln, Probesitzen und Probefahren. Darauf reagierten die Händler und taten sich zunehmend zusammen, um auf Messegeländen lokale Autoausstellungen zu organisieren – wie hier in München 1965.

Was gebaut wurde, wurde verkauft. Eine Flotte Kässbohrer-Autotransporter mit kubischen Mercedes-Fahrerhäusern, beladen mit Audi und Renault R4, im Hintergrund ist einer mit fabrikneuen Mercedes zu sehen.

Noch immer gab es unbebaute Grundstücke, auch mitten in der Stadt, wo vor der Bombardierung Wohnhäuser gestanden hatten. Aber es wurden immer weniger. Dort war der ideale Standort für Gebrauchtwagenhändler. Am häufigsten setzten sie den Käfer um, ganz klar.

Auch eine Möglichkeit: privater oder professioneller Export nach Afrika. Man besorge sich einen preiswerten Gebrauchtwagen, melde ihn endgültig ab, nehme ein damals noch ovales Exportkennzeichen (im Volksmund die »Zollnummer«) und auf zum Abenteuertrip nach Nordafrika oder in den nahen Osten. Der Gewinn beim Wiederverkauf finanziert die Reise - sehr beliebt bei Studenten in den Semesterferien. Hier sehen wir eine Ankunftsszene im französischen Le Havre. Von dort ging's nach Nordafrika.

Ein wundervoller Wagen, einst staatstragend (»Adenauer-Mercedes«), in den 60er-Jahren auf dem Tiefpunkt seines Wertes und noch lange nicht als Klassiker entdeckt. Diese Reise muss ungeheuren Spaß gemacht haben.

Bestimmungsort Kairo: Hier soll der Mercedes 300 nach rund 5000 abenteuerlichen und abwechslungsreichen Kilometern verschachert werden. Der schwarz-weiße Wagen in Bildmitte ist ein ägyptisches Taxi, ein sowjetischer Moskvitch 407.

Ravensburger Mercedes 170 S in letzter Hand, noch mit Blinkern eines 190ers auf den vorderen Kotflügeln modifiziert. Kein Karosserieteil ist ohne Beule. Der Winter, in dem er fotografiert wurde, dürfte sein letzter gewesen sein. (Foto: Diem)

Der Solinger Käfer wurde in letzter Hand nochmals so richtig aufgemotzt. Ein wildes Kaliber, an dem nichts mehr original ist. Die Szenerie dürfte in Holland spielen. In der Parkreihe rechts ist ein Messerschmitt Kabinenroller hinter einer Citroën Wellblech-Camionette zu sehen.

Welche Mutter hätte diese jungen Männer gerne als Schwiegersöhne gehabt? Das geläufige Wort war »Langhaardackel«, und besonders seriös sehen sie wahrlich nicht aus. Sie geben dem treuen 170er Mercedes den Rest.

Weggeworfen. Dieses Wort ist sogar noch euphemistisch. Eher weggeschmissen. Das radikale Ende eines Ford Taunus 12m G13, eines damals schon uralten Buckel-Taunus und einer Lloyd Arabella. Schade drum! Schade drum? Wären diese Fahrzeuge damals nicht entsorgt worden und hätten alle überlebt, so wären sie heute keine Raritäten. (Foto: Diem)

Nochmals Schindelar, ein Autoberg, Aufnahme 1968. Diese Wagen sind zum Pressen vorbereitet. Die Räder fehlen an allen, manche sind ohne Scheiben und womöglich ohne Motor. Der Verwerter baute aus, was er verwerten konnte. Der Rest kam in die Presse. Aus.